AF493589

TRENTE ET UNIÈME ÉDITION

HISTOIRE DE DEUX PETITS MARCHANDS DE POMMES

L'ARITHMÉTIQUE DU GRAND-PAPA

NOUVELLE ÉDITION
Accompagnée de Notions élémentaires d'arithmétique

PAR

JEAN MACÉ

Auteur de l'*Histoire d'une Bouchée de Pain*, des *Contes* et du *Théâtre du Petit-Château*

BIBLIOTHÈQUE D'ÉDUCATION ET DE RÉCRÉATION
J. HETZEL, 18, RUE JACOB
PARIS, VI

BIBLIOTHÈQUE D'ÉDUCATION ET DE RÉCRÉATION

VOLUMES IN-18 AVEC GRAVURES

Chaque volume : Broché, 3 fr. — Cartonné tranches dorées, 4 fr.

Aldrich. Écolier américain. — **Aston (G.).** Ami Kips. — **Badin.** Jean Casteyras. — **Bénédict.** Madone de Guido Reni. — **Bentzon.** Geneviève Delmas. — Yette. — Pierre Casse-Cou. — Contes de tous pays. — **Bertrand (Alex.).** Révolutions du globe. — **Bertrand (J.).** Fondateurs de l'Astronomie. — **Biart (L.).** Jeune Naturaliste. — Entre Frères et Sœurs. — Aventures de deux Enfants dans un Parc. — **Blandy (S.).** Fils de Veuve. — Oncle Philibert. — **Boissonnas (B.).** Une Famille pendant la Guerre 1870-71. — **Bréhat (de).** Petit Parisien. — Aventures de Charlot. — **Candèze.** Aventures d'un Grillon. — La Gileppe. — Périnette. — **Clément (Ch.).** Michel-Ange, Raphaël, etc. — **Desnoyers (L.).** J.-P. Choppart. — **Dubois (F.).** La Vie au Continent noir. — **Dupin de St-André.** Ce qu'on dit à la maison. — **Erckmann-Chatrian.** L'Invasion. — Madame Thérèse. — Histoire d'un Paysan, 4 vol. — **Font-Réaulx (de).** Les Cannaus. — **Gennevraye.** Un Château où l'on s'amuse. — Petite Louisette. — Marchand d'allumettes. — **Gouzy.** Voyage d'une Fillette au Pays des Étoiles. — **Grimard.** Histoire d'une goutte de Sève. — **Hirtz (Mlle).** Méthode de coupe et de confection. — **Hugo (V.)** Les Enfants. — **Laprade (de).** Le Livre d'un Père. — **Laurie (A.).** Vie de Collège en Angleterre. — Mémoires d'un Collégien. — Année de Collège à Paris. — Histoire d'un Écolier Hanovrien. — Tito le Florentin. — Autour d'un Lycée japonais. — Bachelier de Séville. — Mémoires d'un Collégien Russe. — Axel Ebersen. — L'Écolier d'Athènes. — De New-York à Brest. — Héritier de Robinson. — Capitaine Trafalgar. — Exilés de la Terre, 2 vol. — Le Secret du Mage. — Atlantis. — **Lavallée.** Frontières de la France. — **Legouvé (E.).** Pères et Enfants, 2 v. — Nos Filles et nos Fils. — Art de la Lecture. — Lecture en action. — Une Élève de 16 ans. — Épis et Bleuets. — **Lermont.** Jeunes Filles de Quinnebasset. — **Macé (J.).** Bouchée de Pain. — Serviteurs de l'estomac. — Contes du Petit Château. — Arithmétique du grand papa. — **Mayne-Reid.** William le Mousse. — Petit Loup de Mer. — Jeunes Esclaves. — Chasseurs de girafes. — Naufragés de Bornéo. — Planteurs de la Jamaïque. — Deux Filles du squatter. — Robinsons de terre ferme. — Chasseurs de Chevelures. — Les Jeunes Boërs. — **Muller (E.).** La Jeunesse des Hommes Célèbres. — Morale en action par l'Histoire. — **Neukomm (E.).** Les Dompteurs de la Mer. — **Nodier (Ch.).** Contes choisis, 2 vol. — **Rambaud (Alfred).** L'Anneau de César, 2 vol. — **Ratisbonne (L.).** Comédie Enfantine. — **Reclus (E.).** Histoire d'un Ruisseau. — Histoire d'une Montagne. — **Renard.** Le Fond de la Mer. — **Sandeau.** Roche aux mouettes. — **Siebecker.** Histoire de l'Alsace. — **Simonin.** Histoire de la Terre. — **Stahl (P.-J.).** Morale Familière. — Histoire d'un âne et deux jeunes Filles. — Patins d'argent. — Premier voyage en mer. — Maroussia. — Les quatre Peurs de notre Général. — Les quatre Filles du Dr Marsch. — **Stahl et Lermont.** Jack et Jane. — La petite Rose, ses six tantes et ses sept cousins. — **Stahl et Muller.** Nouveau Robinson suisse. — **Stevenson.** L'Île au Trésor. — **Tolstoï.** Enfance et Adolescence. — **Vadier.** Blanchette. Théâtre à la Maison et à la Pension (10 fascicules à 50 c.). — **Vallery-Radot (R.).** Volontaire d'un an. — **Van Bruyssel.** La Vie des Champs aux États-Unis. — **Verne (J.).** Capitaine Hatteras, 2 v. — Enfants du Capitaine Grant, 3 v. — Autour de la Lune. — 3 Russes et 3 Anglais. — 5 Semaines en ballon. — De la Terre à la Lune. — Pays des Fourrures, 2 v. — Tour du Monde en 80 jours. — 20,000 lieues sous les Mers, 2 v. — Voyage au centre de la Terre. — Ville flottante. — Docteur Ox. — Chancellor. — Île mystérieuse, 3 vol. — Michel Strogoff, 2 v. — Indes Noires. — Hector Servadac, 2 v. — Capitaine de 15 ans, 2 v. — 500 millions de la Bégum. — Maison à vapeur, 2 v. — La Jangada, 2 v. — École des Robinsons. — Rayon Vert. — Kéraban le Têtu, 2 v. — Étoile du Sud. — Archipel en Feu. — Mathias Sandorf, 3 v. — Robur le Conquérant. — Billet de Loterie. — Nord contre Sud, 2 v. — Chemin de France. — Deux ans de Vacances, 2 v. — Famille sans Nom, 2 v. — Sans dessus dessous. — César Cascabel, 2 v. — Mrs Branican, 2 v. — Château des Carpathes. — Claudius Bombarnac, 2 v. — P'tit Bonhomme, 2 v. — Maître Antifer, 2 v. — L'Île à Hélice, 2 v. — Face au Drapeau, 1 v. — Clovis Dardentor, 1 v. — Le Sphinx des Glaces, 2 v. — Le Superbe Orénoque, 2 v. — Premiers Explorateurs, 2 v. — Grands Navigateurs, 2 v. — Voyageurs du XIXe siècle, 2 v. — Le Testament d'un Excentrique 2 v. — **Verne et Laurie.** Épave du Cynthia.

VOLUMES IN-18, SANS GRAVURES

Chaque volume : Broché, 3 fr. — Cartonné tranches dorées, 4 fr.

Brachet. Grammaire historique (couronné). — **Dubail.** Cours classique de Géographie. — **Egger.** Histoire du Livre. — **Franklin (J.).** Vie des Animaux, 6 v. — **Gramont (Cte de).** Vers français et Prosodie. — **Gratiolet (P.).** Physionomie. — **Hippeau (Mme).** Économie domestique. — **Ordinaire.** Rhétorique nouvelle. — **Suzanne.** Histoire de la Cavalerie, 3 v. — Histoire de l'Artillerie. — **Petit (A.).** Grammaire de la Ponctuation. — Grammaire de la Lecture à haute voix. — Grammaire de l'art d'écrire.

VOLUMES IN-18 — PRIX DIVERS

Brachet. Dictionnaire étymologique, 8 fr. — **Durand (Hip.)** Grands Poètes, 2 fr. — Grands Prosateurs, 2 fr. — **Grimard (E.).** Botanique à la campagne, 4 fr. — **Legouvé (E.)** Petit Traité de Lecture, 1 fr. — **Rey (J.-A.).** Monde des Microbes, 4 fr.

34684. — Paris, Imp. Gauthier-Villars.

HISTOIRE DE DEUX PETITS

Marchands de Pommes

ARITHMÉTIQUE

Ouvrage honoré de souscriptions du Ministère de l'Instruction publique et choisi par la Ville de Paris pour être distribué en prix.

HISTOIRE DE DEUX PETITS

Marchands de Pommes

PAR

JEAN MACÉ

Arithmétique du Grand-Papa

NOUVELLE ÉDITION

Augmentée de notions complémentaires d'Arithmétique.

BIBLIOTHÈQUE
D'ÉDUCATION ET DE RÉCRÉATION
J. HETZEL, 18, RUE JACOB
PARIS VIe

PRÉFACE

Il y a longtemps que j'enseigne l'arithmétique à de grandes demoiselles qui l'ont apprise déjà, et à chaque fois que je recommence avec une génération nouvelle, le même chagrin s'empare de moi. Je m'aperçois que la plupart ne comprennent pas ce qu'elles ont appris, et qu'elles appliquent les règles sans pouvoir les expliquer.

Quand on se reporte à ces tribus sauvages de l'Australie, où l'on ne sait compter, dit-on, que jusqu'à trois, rien ne paraît admirable comme les procédés élémentaires de l'arithmétique. Il y a là une puissance d'invention, une simplicité, une sûreté de marche qui force les esprits les plus fiers à s'incliner devant l'inconnu qui a trouvé cela. Celui-là, certes, fut un génie que peu ont égalé dans toute la série des siècles écoulés après lui, et il alluma au milieu des hommes une lumière qui éclaira pour eux des sentiers nouveaux.

Une lumière devrait s'allumer aussi chez l'enfant quand l'arithmétique lui est révélée. Loin de là, on dirait presque qu'un trou noir se creuse alors en lui, et que sa raison naissante s'engourdit à cette étude, au lieu d'en recevoir une impulsion. Il y apprend à réciter par cœur des formules qui ne disent rien à son intelligence, et à exécuter machinalement des opérations dont il ne se rend pas compte, habitude funeste qu'il emporte ensuite dans la vie et dont il ne lui est pas toujours facile de se défaire.

Cela tient à un vice radical de méthode dans le premier enseignement.

« Toute la suite des hommes, dit Pascal, pendant le cours de tant de siècles, doit être considérée comme un même homme qui subsiste toujours et qui apprend continuellement. »

Cette longue éducation de l'humanité, dont le point de départ est si loin de nous, elle recommence en chaque petit enfant. L'enfant a cet avantage, il est vrai, que, servi par la tradition qui lui donne en bloc le trésor de découvertes péniblement amassé par les ancêtres dans toute la suite des âges, il franchit par enjambées gigantesques le chemin le long duquel ils se sont péniblement traînés. Mais il ne faut pas croire pour cela qu'on puisse le faire entrer en possession de son héritage sans suivre l'ordre dans lequel cet héritage s'est formé. Si rapide que soit sa course, il convient que l'enfant passe par la même route que l'humanité, et l'on doit respecter dans l'individu, si l'on veut faire besogne qui vaille, la loi qui a présidé à l'éducation de l'espèce.

Or, nous savons de reste, sans que personne nous l'ait appris, que le premier calculateur n'a pas débuté par les règles abstraites qu'on trouve dans les livres d'école. Il est assez évident qu'il a dû se trouver d'abord en présence de problèmes pratiques, dont il n'a pu se tirer qu'en tendant tous les ressorts de son intelligence pour créer la règle, et qu'il n'a pas fait de l'art pour l'art. Faire débuter l'enfant par la règle abstraite, et lui poser ensuite les problèmes à résoudre, c'est aller au rebours de la marche de l'esprit humain, qui en est chez lui au point où il en était dans l'enfance de l'espèce.

Aussi, qu'arrive-t-il? C'est que son intelligence, ainsi brusquée, se refuse à l'abstraction qui se présente avant l'heure, et que sa mémoire seule entre en jeu pour se charger douloureusement de mots et de pratiques dont le sens lui échappe.

La vraie méthode est donc ici de le replacer dans les conditions du commencement, et de le faire assister en quelque sorte à la création de l'arithmétique. C'est ce que j'ai voulu essayer dans ce conte des *Deux petits marchands de pommes*, où je me suis peu inquiété des licences du récit, qui n'embarrassent pas les enfants. Si l'essai n'est pas suffisamment réussi, j'espère qu'il se trouvera quelqu'un pour le recommencer, car c'est par là, sans le moindre doute, qu'il faut conduire les enfants à l'arithmétique. Vienne ensuite le livre d'école et l'abstraction pure : elle fera son entrée utilement par une tranchée déjà ouverte, au lieu d'arriver en ennemie, s'efforçant de battre en brèche un pauvre petit cerveau fermé.

Ce livre-ci est donc un livre de préparation, un livre de famille, et je le dédie à toutes les mères qui ont eu le cœur gros en voyant leur enfant ouvrir, pour la première fois, la formidable Arithmétique qu'elles se rappelaient peut-être n'avoir jamais elles-mêmes tout à fait comprise.

JEAN MACÉ.

Beblenheim, 15 décembre 1862.

L'ARRIVEE DU GRAND-PAPA

— Qu'avez-vous donc, mes chers petits-enfants, et pourquoi faites-vous une si vilaine mine? Est-ce qu'on vous a grondés?

— Oh! grand-papa, nous avons à faire des additions ; c'est bien ennuyeux!

— Bien ennuyeux! Mais pas du tout, c'est très gentil, l'addition. Voyons, toi, gros joufflu, dis-moi un peu ce que c'est que l'addition?

— L'addition est une opération par laquelle... par laquelle...

— Eh bien! une opération par laquelle?...

— Tiens, grand-papa, voilà comme ça se fait. (*Très-vite.*) On écrit les nombres les uns au-dessous des autres, les unités sous les unités, les dizaines sous les dizaines, les centaines sous les centaines...

— Ta, ta, ta, ta. Comme nous défilons notre chapelet! Et puis, après?

— Après, on additionne. Ce n'est pas amusant du tout.

— Celui qui a inventé l'arithmétique n'a pas eu là une belle idée!

— Voyez-vous cela! Eh bien! c'est ce qui vous trompe, mademoiselle; il a eu une très-belle idée, et si l'on me promettait d'être bien sage, je vous raconterais là-dessus une histoire qui vous ferait peut-être bien changer d'avis.

— Une histoire sur l'arithmétique! Est-ce qu'il y en a?

— Il y a celle-là, sans compter toutes celles

qu'on pourrait vous raconter, si l'on voulait.

— Et comment l'appelles-tu, ton histoire?

— C'est l'*Histoire de deux petits marchands de pommes*; et vous y verrez comme ils étaient contents quand on leur a montré l'arithmétique.

— Oh! grand-papa, quel dommage que nous ne puissions pas l'écouter! Nous n'aurions plus le temps de faire nos additions avant que le maître vienne.

— Laissez là vos additions, pauvres petits. C'est moi qui suis votre maître aujourd'hui. Faites bien attention; je vais commencer.

HISTOIRE DE DEUX PETITS
Marchands de Pommes

Arithmétique du Grand-Papa

CHAPITRE PREMIER

LA NUMÉRATION

Il y avait une fois deux petits garçons qui étaient marchands de pommes. Leur marraine, qui était fée, leur avait donné un grand verger tout rempli de pommiers, les plus admirables qu'on ait jamais vus. Ils produisaient des pommes toute l'année, et toutes leurs pommes étaient exactement semblables. Ce n'était pas comme les pommes du marché, dont les unes sont grosses, les autres petites, ce qui fait que les paysans mettent les plus belles sur le dessus du panier pour attirer les acheteurs. Celles-là étaient si complétement égales entre elles qu'il n'y avait pas à choisir. Il suffisait de prendre dans le tas.

Aussi je vous laisse à penser si mes petits garçons avaient de la facilité pour les vendre. Tous les enfants du voisinage couraient à leurs mamans quand on voyait arriver les marchands de pommes, et les achats étaient bientôt faits : on pouvait mettre la main de confiance dans le panier.

Les deux petits garçons gagnaient donc leur vie le plus agréablement du monde, et ils auraient été parfaitement heureux s'il n'y avait pas eu entre eux un sujet continuel de disputes.

L'aîné, qui était un gros petit bonhomme, avec un œil vif et hardi, des joues rouges, des mains larges et crochues, comme on en donnait dans le temps aux vieux Normands, l'aîné n'avait pas de plus grand bonheur que de mettre toutes les pommes en un gros tas. Partout où il en voyait, il sautait dessus, et courait les porter au tas. Il ne se sentait riche qu'en voyant toutes ses richesses réunies en un seul monceau. Son frère, à cause de cela, l'avait appelé Ramasse-Tout.

Le cadet, mince, pâle, à la mine défiante et rusée, avait de grands doigts déliés et fluets, et sa petite figure s'allongeait déjà en lame de couteau. Celui-là craignait toujours les accidents, et n'avait de repos qu'en sachant son bien éparpillé de tous côtés. Comme cela, il se croyait sûr d'en retrouver toujours quelque chose. Sitôt que son frère avait le dos tourné, il se glissait du côté du tas, y plongeait ses mains qu'il ramenait pleines de pommes, et allait cacher son butin dans toutes sortes de cachettes à lui connues, entre lesquelles il partageait la fortune de la maison. Il avait gagné à ce jeu-là le vilain nom de Partageur que le pauvre Ramasse-Tout lui avait donné, dans un moment de colère, un jour qu'en revenant de vendre ses pommes il n'avait plus rien trouvé d'un magnifique tas, fait le matin.

Il faut vous dire que dans ce temps-là on n'avait pas encore inventé l'arithmétique, et les deux frères naturellement n'en savaient pas le premier mot.

Ils savaient compter sur leurs doigts jusqu'à dix; mais, passé dix, ils n'y voyaient plus que du feu. C'était là aussi ce qui rendait leurs disputes si acharnées. Quand Ramasse-Tout avait vidé toutes les cachettes du cadet pour faire un beau tas, celui-ci prétendait toujours que le compte n'y était plus. Quand Partageur avait démoli le grand tas pour en faire de petits, l'aîné jurait ses grands dieux que l'autre en avait laissé tomber en route, et aucun des deux ne pouvait venir à bout de compter les pommes, ni du grand tas, ni des petits, car ils y perdaient la tête.

Heureusement pour eux, ils eurent un soir la visite de leur sœur Pinchinette, qui vivait avec la bonne fée, leur marraine, et qui avait l'air elle-même d'une petite fée, tant elle était mignonne et gracieuse, et faite à ravir des pieds à la tête. Pinchinette n'avait pas de pommes à vendre, n'ayant pas reçu de verger; mais, en revanche, la fée lui avait donné tant d'esprit qu'en toute circonstance elle devinait du premier coup ce qu'il y avait à faire, si difficile que la chose pût paraître aux gens.

Elle trouva, en arrivant, Partageur et Ramasse-Tout se chamaillant de tout leur cœur devant un tas de pommes qui remplissait à moitié la chambre.

— Je te dis qu'il en manque, disait le premier. J'en avais bien plus que cela dans les miens.

— Je te dis que tout y est, disait l'autre. Va voir toi-même s'il en reste quelque part.

Et la dispute allait son train sans pouvoir finir, chacun répétant toujours la même chose.

— Il est bien facile de vous mettre d'accord, s'écria Pinchinette. Il n'y a qu'à compter les pommes.

— C'est que nous ne les avions pas comptées auparavant, dit le cadet.

— C'est que nous ne savons compter que jusqu'à dix, dit l'aîné.

— Vous ne savez compter que jusqu'à dix! Eh bien! il y a encore un moyen de s'en tirer. Je vais vous montrer à compter toutes vos pommes, sans dépasser dix.

— Ah! ma petite Pinchinette, que tu seras donc gentille! fit le gros rougeaud en sautant de joie et embrassant sa sœur sur les deux joues.

— Et comment pourras-tu t'y prendre? fit le pâlot en la regardant d'un air de doute.

— Ce n'est pas bien malin. Allez me chercher des petits sacs, des boîtes, et vos grands paniers.

J'avais oublié de vous apprendre que leur papa, qui était mort, avait été jardinier, et que leur maman, qui était morte aussi, allait de son vivant dans la campagne vendre aux paysannes des rubans, des lacets, du fil et toute espèce de merceries. En conséquence, il ne manquait pas dans la maison de petits sacs à serrer les graines, et il s'y trouvait toute une armée de belles boîtes carrées où l'on pouvait mettre tout ce qu'on voulait. Quant aux paniers, ils en avaient fait faire exprès pour eux une demi-douzaine d'énormes qu'on mettait sur l'âne à tour de rôle, un de chaque côté, et qu'on remplissait ensuite de pommes, tant qu'il pouvait en tenir.

Quand tout fut apporté :

— Prends un des sacs, dit Pinchinette à Ramasse-Tout, et, quand tu auras compté dix pommes, mets-les dans le sac, que tu fermeras bien solidement.

Ce ne fut pas long.

— Maintenant, passe le sac à ton frère. Prends-en un autre, et continue toujours comme cela, tant qu'il y aura des pommes.

— S'il n'y a que cela à faire, j'en viendrai bien à bout, s'écria l'aîné tout joyeux.

Et il se mit à remplir les sacs du plus vite qu'il put. Une, deux, trois, quatre, cinq, six, sept, huit, neuf, dix : cela marchait comme sur des roulettes.

Bientôt le cadet eut dix sacs entre les mains.

— Mets tes dix sacs dans une des boîtes, lui dit sa sœur : donne-moi-la, et fais toujours de même dès que tu auras dix sacs à la fois.

Quand Pinchinette eut à son tour dix boîtes, elle les rangea bien soigneusement dans un des paniers; et ils allaient ainsi gaillardement, l'aîné passant les sacs, le cadet les boîtes, et la sœur mettant les boîtes, par dix, dans les paniers, quand tout à coup Ramasse-Tout s'écria :

— Je ne peux plus faire de sacs; il ne reste que six pommes.

— Et moi, dit Partageur, je ne peux plus remplir de boîtes; je n'ai que trois sacs.

— Et moi, dit Pinchinette, je n'ai que sept boîtes; c'est fini pour les paniers. J'en ai rempli cinq. L'affaire est faite : comptons maintenant.

Elle aligna sur une file d'abord les pommes, puis les sacs, puis les boîtes, puis les paniers.

La spirituelle petite fille était radieuse; mais les garçons ne comprenaient pas bien où elle voulait en venir, et la regardaient d'un air ébahi.

— Voyez-vous, dit-elle, ce que nous avons fait? Chaque sac contient dix pommes, chaque boîte dix sacs, et chaque panier dix boîtes. A présent, vous pouvez compter tranquillement ce que vous aviez de pommes dans votre tas, sans

aller plus loin que dix. Vous aviez d'abord six pommes : les voilà! puis trois sacs dont chacun vaut dix pommes; puis sept boîtes dont chacune vaut dix sacs, et enfin cinq paniers dont chacun vaut dix boîtes. Rien ne vous sera plus facile à présent que de retrouver votre compte, quand vous en aurez envie.

Ramasse-Tout ne se possédait pas de joie, mais Partageur n'était pas encore satisfait.

— Et si nous avions eu dix paniers? dit-il avec un petit ton moqueur.

— On les aurait mis dans une voiture.

— Et si nous avions eu dix voitures?

— On les aurait mises dans un grand bateau.

— Et si nous avions eu dix grands bateaux?

— Tu m'ennuies. Il se passera du temps, mon pauvre garçon, avant que tu aies besoin de dix grands bateaux pour mettre tes pommes.

Le petit chicaneur ne se tenait pas pour battu.

— Et si nous avions eu à compter des chevaux? reprit-il. Nous n'aurions pourtant pas pu mettre dix chevaux dans un petit sac, dix sacs dans une boîte, et dix boîtes dans un panier?

— Tu as raison. Il faudrait trouver un moyen de compter n'importe quoi de la même façon que nous venons de compter des pommes. Attendez, il me vient une idée :

— Les six pommes que voilà, c'est six fois *une* pomme; appelons-les : six *unités*.

Nos trois sacs contiennent chacun dix pommes; appelons-les : trois *dizaines*.

Dix dizaines, appelons cela : une *centaine*. Nos sept boîtes deviendront sept centaines.

Appelons dix centaines : un *mille*. Nos cinq paniers feront cinq mille.

Nous aurons donc alors cinq mille, sept centaines, trois dizaines et six unités qui représenteront toujours le même nombre, que ce soit des pommes, des chevaux, des chiens, des chats, tout ce que vous voudrez.

Cette fois, Partageur fut obligé de s'avouer vaincu.

— C'est vrai, dit-il; de cette façon-là on peut compter tout. Merci, Pinchinette, tu viens de nous apprendre quelque chose de bien utile.

— Ma petite Pinchinette, reprit alors Ramasse-Tout, je suis bien content de voir d'un coup d'œil combien nous avions de pommes à la maison. Mais je me connais : sitôt que je ne verrai plus les sacs, les boîtes et les paniers, j'aurai oublié tout de suite ce qu'il y en avait. Est-ce que tu ne pourrais pas, toi qui as tant d'esprit, imaginer une manière de nous rappeler toujours les comptes que nous avons faits?

— Si l'on faisait des marques sur un papier! lui dit le cadet.

— Il en faudrait bien trop! Pense un peu à toutes les quantités différentes qu'on peut avoir.

— Tranquillisez-vous, fit Pinchinette. Je vais vous tirer d'embarras, si vous voulez bien m'écouter.

Prenant alors un morceau de charbon, elle traça sur le plancher les neuf chiffres que nous connaissons, et qui nous viennent d'elle :

1, 2, 3, 4, 5, 6, 7, 8, 9.

— Si à la fin, dit-elle, il vous reste une

pomme, vous mettrez au-dessous le premier chiffre. S'il vous en reste deux, vous mettrez le second, et ainsi de suite jusqu'à neuf. Il en reste six cette fois : mettez le sixième chiffre. Le voilà : 6. Au-dessous des trois sacs, mettez le troisième chiffre : 3. Au-dessous des sept boîtes, mettez le septième : 7; et au-dessous des cinq paniers, mettez le cinquième : 5.

Cela vous fait : 5736.

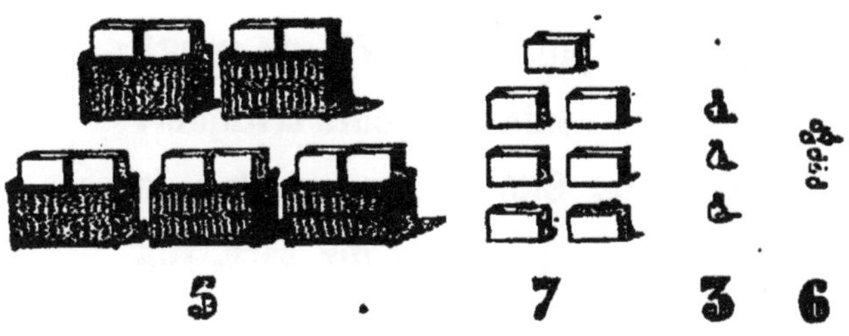

Vous savez que le premier chiffre à droite représente les pommes, ou, si vous aimez mieux, les unités ; le second, en allant à gauche, les sacs, ou les dizaines ; le troisième les boîtes, ou les centaines ; le quatrième les paniers, ou les mille. Inscrivez-les sur un morceau de papier : le rang qu'ils occupent vous indiquera suffisamment ce qu'ils représentent ; et, avec neuf chiffres seulement, vous pourrez ainsi marquer sur un papier tous les nombres qui vous arriveront, quels qu'ils soient. Vous auriez des voitures, des bateaux, et encore plus fort, que ce serait toujours la même chose.

— Et si l'on avait plus de neuf à un rang? s'écria Partageur, qui voulait toujours critiquer.

— C'est impossible. Sitôt qu'on est plus de neuf, on est dix ; et dix pommes, dix sacs, dix boîtes, cela fait un sac, une boîte, un panier.

— Cela, je le veux bien, continua l'éternel raisonneur. Mais supposons qu'un rang vienne à manquer, qu'il n'y ait pas de sacs, par exemple, ou de boîtes, comment fera-t-on pour savoir que le chiffre des paniers représente le quatrième rang?

— S'il n'y a que cela qui t'embarrasse, je vais te mettre bien vite à ton aise.

Elle reprit son charbon, et dessina un joli rond :

0

— Vois-tu ce petit rond? c'est encore un chiffre. Nous l'appellerons zéro. Celui-là veut dire qu'il n'y a rien au rang où on le place. Tu le mettras au rang des sacs.

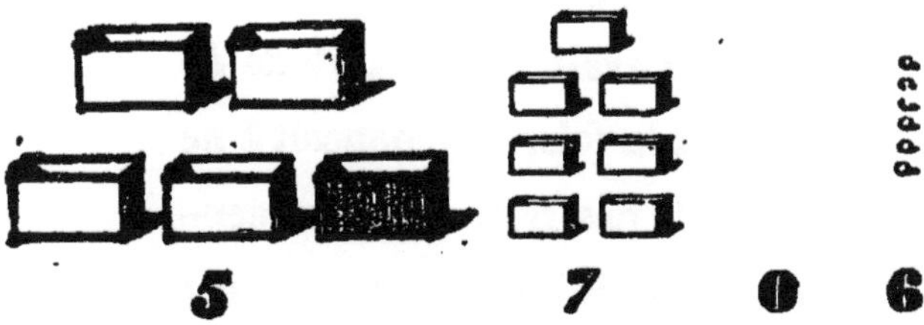

5 7 0 6

ou des boîtes,

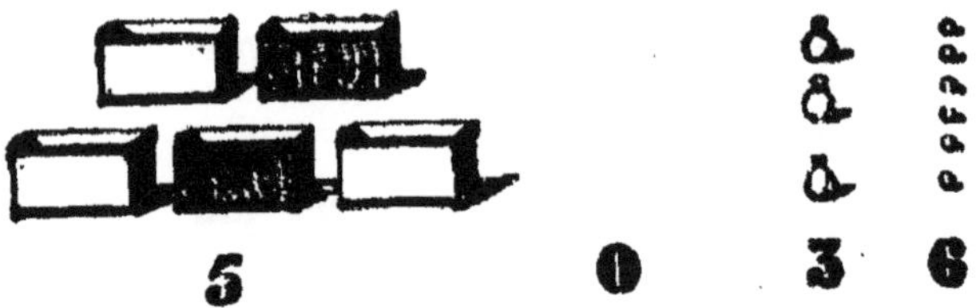

si ce sont les sacs ou les boîtes qui manquent, et le chiffre des paniers restera toujours le quatrième. Ici, par exemple, tu aurais

5706,

ou bien

5036.

C'est simple comme bonjour.

Ramasse-Tout, qui n'avait pas l'habitude de réfléchir si longtemps à la fois, commençait à ne plus s'amuser. Il n'osait pas trop réclamer, sentant combien tout cela était important pour lui;

mais à la fin, n'y pouvant plus tenir, il se décida à prendre la parole :

— Ma bonne Pinchinette, dit-il, je te suis tout à fait reconnaissant de tout le mal que tu te donnes pour nous ; mais je crois bien que j'en ai assez. Ma pauvre tête est toute fatiguée.

Pinchinette avait presque envie de se fâcher.

— Et moi, dit-elle, crois-tu que cela ne me fatigue pas de vous trouver ainsi tout ce qui vous est nécessaire pour faire vos comptes ? Il faut se fatiguer, mon garçon, quand on veut arriver à quelque chose. S'il n'y avait qu'à jouer sur la terre, les paresseux y feraient aussi bonne figure que les autres. Mais enfin, puisque tu n'en veux plus, je ne suis pas fâchée moi-même de me reposer un peu. Demain, je reviendrai vous voir, et nous achèverons cela.

Ainsi finit la première visite de Pinchinette. Elle avait appris à ses petits frères la NUMÉRATION

CHAPITRE II.

SUITE DE LA NUMÉRATION.

Le lendemain, après son déjeuner, Pinchinette se mit en route pour aller voir ses frères. Il faisait un temps magnifique. Les petits oiseaux chantaient dans tous les arbres, et toutes sortes de jolies fleurs s'épanouissaient au soleil le long du chemin. Mais la bonne petite fille n'écoutait pas les oiseaux et ne regardait pas les fleurs. Elle songeait, tout en marchant, au moyen de rendre plus commode ce qu'elle avait imaginé la veille pour ses frères, et la joie qu'elle avait de leur être utile ne lui laissait pas le loisir de s'occuper d'autre chose.

En arrivant au sommet d'une petite colline d'où l'on découvrait le verger et la maison, elle leva la tête et vit ses frères qui l'attendaient sur la route. Sitôt qu'ils l'aperçurent, ils se mirent à courir vers elle de toutes leurs jambes, luttant à qui arriverait le premier. Ramasse-Tout, qui était le plus leste, eut bientôt pris les devants, et il était encore à quelques pas d'elle qu'il s'écriait tout essoufflé :

— Pinchinette! ma bonne Pinchinette! j'ai un grand service à te demander.

— Non, moi! commence par moi! cria de loin Partageur, qui accourait en toute hâte. Commence par moi, je t'en prie!

— Je commencerai par celui qui est arrivé le premier, répondit Pinchinette; mais auparavant il faut que j'achève ce que nous avons commencé hier.

Et, les prenant chacun par un bras, elle les ramena au petit pas à la maison.

— J'ai réfléchi, reprit-elle. Partageur avait raison : on peut avoir des nombres bien plus grands que celui de vos pommes. Les écrire ne sera jamais difficile; il n'y a qu'à mettre des chiffres de plus en avant. Mais pour les prononcer, et surtout pour s'y reconnaître, il y a des arrangements à prendre.

Cinq, sept, trois, six, comme nous avons prononcé hier, cela ne dit rien.

Cinq mille, sept centaines, trois dizaines, six unités, c'est bien long, et, s'il faut trouver un nom nouveau pour chaque rang nouveau, cela finira peut-être par vous embrouiller quand il y en aura beaucoup. Il ne serait pas toujours facile de distinguer les rangs du premier coup.

Voici ce que j'ai imaginé :

Nous mettrons les chiffres par bandes de trois rangs, centaines, dizaines, unités, et ces trois rangs-là reviendront toujours les mêmes.

Au lieu de *centaine*, nous dirons *cent*, pour

que cela soit plus court, et l'on dira : cent, deux cents, trois cents, etc.

Ce sera la même chose pour les unités.

Pour les dizaines, afin de varier un peu, je leur ai donné à chacune un nom.

La première s'appellera	*dix*, cela va sans dire.
La deuxième	*vingt*.
La troisième.	*trente*.
La quatrième.	*quarante*.
La cinquième.	*cinquante*.
La sixième.	*soixante*.
La septième.	*soixante-dix*.
La huitième.	*quatre-vingts*.
La neuvième.	*quatre-vingt-dix*.

Vous comprenez bien tout cela, n'est-ce pas ?

— Oh ! parfaitement, s'écria Ramasse-Tout.

— Et pour aller d'une dizaine à l'autre ? dit Partageur, toujours prêt à trouver des difficultés

— D'une dizaine à l'autre, nous reprenons : un, deux, trois, quatre, etc.

Un, qui est le premier, avait droit à une distinction. On mettra *et* devant lui : vingt et un, trente et un, quarante et un, etc.

Les autres iront tranquillement à la suite : vingt-deux, vingt-trois, vingt-quatre, etc.

Enfin, j'ai voulu faire aussi honneur aux nombres qui suivent la première dizaine.

Au lieu de dire : dix et un, dix-deux, dix-trois, dix-quatre, dix-cinq, dix-six,

On dira :

Onze, douze, treize, quatorze, quinze, seize.

Les trois derniers feront comme leurs camarades des autres dizaines :

Dix-sept, dix-huit, dix-neuf.

— Oh! cela va bien nous amuser, disait Ramasse-Tout en se frottant les mains. Je voudrais avoir déjà des bandes de chiffres devant moi pour m'exercer.

On était arrivé devant la maison. Pinchinette prit sa baguette, une jolie baguette en ivoire doré que lui avait donnée la marraine, et traça sur le sable la longue suite de chiffres que voici :

324.549.672.845.

— Voyez un peu, dit-elle, où vous en seriez s'il fallait dire : *trois, deux, quatre,* et toujours comme cela jusqu'à la fin, ou si chacun de ces douze chiffres avait un nom de rang particulier!

Au lieu de cela, nous nous contenterons de donner un nom particulier à ceux qui terminent chaque bande.

Pour la première, c'est donc. . *unité.* Nous en sommes convenus.
Pour la seconde. . . . . . . *mille.*
Pour la troisième. . . . . . *million.*
Pour la quatrième. . . . . . *billion.*

Et nous allons prononcer tout cet énorme nombre le plus facilement du monde, en commençant par les rangs les plus élevés. C'est toujours par là qu'il faudra commencer.

Trois cent vingt-quatre. . .	*billions.*
Cinq cent quarante-neuf. . .	*millions.*
Six cent soixante-douze. . . .	*mille.*
Huit cent quinze.	*unités.*

— Au delà du billion, comment dirait-on? demanda Partageur un peu timidement cette fois, car la tête commençait à lui tourner.

— Oh! ce n'est pas là quelque chose de bien nécessaire pour toi : ces nombres-là ne te regardent plus. Mais enfin, si tu as peur d'en manquer, on t'en donnera tant que tu en voudras : *trillion, quatrillion, quintillion, sextillion, septillion, octillion, nonillion, décillion*. En as-tu assez? Te figures-tu bien ce que c'est qu'un décillion?

Partageur resta court; et, sans plus parler on entra dans la maison. Il était temps pour Ramasse-Tout, qui, malgré sa passion des grands nombres, se sentait tout bouleversé à l'idée de ces quintillions et de ces nonillions. Mais en remettant le pied dans son domaine, il sentit les pensées qui l'avaient fait courir au-devant de Pinchinette rentrer en foule dans sa tête, et les nombres qui l'épouvantaient s'envolèrent tout à coup.

Il commença sur-le-champ une longue histoire; mais, à la façon des petits enfants qui veulent raconter trop vite, il y mit tant de *comme ça*, tant d'*alors* et de *et puis*, que sa sœur avait un peu de peine à comprendre. Pour vous éviter cette peine-là, j'aime mieux vous la raconter moi-même.

Voici donc ce qui était arrivé :

Dès la pointe du jour, mon Ramasse-Tout, fier comme un roi de savoir compter, avait sauté d'un bond hors du lit en s'éveillant, et, pour essayer sa nouvelle science, il avait couru au verger avec toute une charge de sacs et de boîtes vides qu'il avait remplis de pommes, bien dans les règles, et sans se tromper une seule fois. Mais quand il commença à porter au tas ses nouvelles richesses, enchanté de lui-même, et tout triomphant, ses airs de grand vainqueur firent bientôt place à la mine la plus piteuse et la plus désespérée que vous puissiez imaginer. Partageur, qui ne dormait jamais que d'un œil, s'était levé derrière son aîné, et courant au tas pendant que l'autre courait au verger, il avait d'abord dévalisé tout un panier de ses boîtes, transportées aussitôt en quatre endroits différents, pour plus de sûreté. Puis, allant aux boîtes, il en avait vidé deux de leurs sacs, qui étaient allés rejoindre le contenu du panier. Et enfin, appliquant à sa manière la leçon de la veille, il avait ouvert trois des sacs emportés dans les cachettes, et avait distribué les pommes de façon à compléter ses quatre nombres. Centaines, dizaines, unités, rien n'y manquait.

Vous pouvez vous figurer quels cris jeta Ramasse-Tout à la vue de ce beau travail. Tout l'ouvrage de Pinchinette était défait, et le pis était qu'il ne savait comment réparer le désastre. Auparavant il n'avait pas grand'peine à remédier aux escapades de son frère. Il n'avait qu'à se baisser pour ramasser, et à rejeter sur le tas les pommes qui en avaient été soustraites. Maintenant il perdait la tête dans ces sacs et ces boîtes, et désespérait de s'en tirer. S'il ne s'était pas retenu, je crois qu'il aurait battu le pauvre petit. Mais c'était un brave garçon qui aurait rougi d'abuser de sa force, et qui savait que les aînés n'ont pas d'autre droit sur leurs cadets que celui de les protéger quand ils en trouvent l'occasion.

De son côté Partageur, se voyant menacé

aussi sérieusement dans ce qu'il avait toujours considéré comme un droit, Partageur avait été saisi d'un véritable désespoir. Cela ne lui paraissait pas du tout une garantie, que ses pommes fussent enrégimentées par sacs, boîtes et paniers Ce n'était pas là ce qui pouvait empêcher les voleurs de les prendre; et le bel avantage de savoir au juste ce que l'on vous a pris! D'ailleurs, il s'était fait une habitude de transporter ainsi sa fortune à droite et à gauche. C'était tout son plaisir, et la vie n'avait plus de charme pour lui du moment qu'il fallait y renoncer. Il déclara tout haut que, puisqu'il en était ainsi, il voulait désormais avoir sa part à lui de toute la récolte, pour en faire ce qu'il voudrait.

Là-dessus, ils étaient partis tous les deux pour implorer, chacun de son côté, le secours de Pinchinette, et la chère fille, pour leur avoir rendu service une première fois, se voyait maintenan de nouvelles difficultés sur les bras. C'est une chose qui arrive souvent; mais les bons cœurs ne s'en embarrassent pas. Ce qu'on a commencé, ils sentent bien qu'on est obligé de l'achever.

CHAPITRE III.

L'ADDITION.

— Mon petit Ramasse-Tout, dit Pinchinette après avoir un peu réfléchi quand l'enfant eut achevé son histoire, tu veux que je te fasse un seul nombre avec tous ceux dont tu m'as parlé. Rassure-toi : c'est la chose du monde la plus simple.

Voyons d'abord ce qui reste de notre nombre d'hier, et prends le charbon pour écrire sur le plancher :

Un panier de moins sur les cinq, cela les remet à quatre. Écris. 4

Les sept boites, diminuées de deux, ne sont plus que cinq. Écris. 5

On n'a pas touché aux trois sacs. Écris 3

Les six pommes n'ont pas bougé non plus. Écris. 6

Tu as donc d'abord : 4.536.

Où est maintenant ta récolte?

Huit boites et sept sacs étaient pêle-mêle dans un coin. On les plaça bien en ordre au-dessous de la grande provision, les boites sous les boites, les sacs sous les sacs, et Ramasse-Tout écrivit : 87.

— Eh bien! qu'est-ce que tu fais là? Et le rang des unités! tu l'oublies.

— Mais il n'y en a pas.

— Et à quoi sert donc notre zéro?

— Tiens! c'est vrai.

Il ajouta un zéro, et cela fit : 870.

— Voilà qui est bien. Allez me chercher ensemble les tas de Partageur l'un après l'autre, et nous les alignerons de la même manière.

Le premier contenait trois boîtes, huit sacs et neuf pommes.

On écrivit : 389.

Le second contenait deux boîtes, quatre sacs et huit pommes.

On écrivit : 248.

Le troisième contenait une boîte, trois sacs et sept pommes.

On écrivit : 137.

Le quatrième contenait quatre boîtes, deux sacs et six pommes.

On écrivit : 426.

Pinchinette, se plaçant alors avec Ramasse-Tout entre les chiffres et les files de pommes :

4	5	3	6
	8	7	0
	3	8	9
	2	4	8
	1	3	7
	4	2	6
6	6	0	6

— Suis-moi bien attentivement, dit-elle, et tout ce que tu me verras faire avec les pommes, fais-le avec les chiffres.

Elle prit une planche qu'elle mit en travers au-dessous des pommes, pour séparer des nombres déjà faits celui qu'elle voulait faire, et le garçon fit une barre au-dessous de 426, pour l'imiter.

4.536
870
389
248
137
426
6.606

— Maintenant, comptons les pommes, dit Pinchinette.

Six et neuf, quinze; et huit, vingt-trois; et sept, trente; et six, trente-six.

— Trente-six pommes! Passe-moi trois sacs, j'ai de quoi les remplir.

Elle remplit les trois sacs, et mit derrière la planche les six pommes qui restaient.

Ramasse-Tout écrivit : 6 au-dessous de ses unités.

— Cela nous fait trois sacs de plus. Comptons-les avec les autres.

Trois et trois, six; et sept, treize; et huit vingt et un; et quatre, vingt-cinq; et trois vingt-huit; et deux, trente.

Bon! nous voilà en état de remplir juste trois boîtes, et nous n'aurons plus de sacs.

Elle remplit les trois boîtes, et comme elle

n'avait rien à mettre derrière la planche, Ramasse-Tout écrivit : 0 au-dessous de ses dizaines.

— Passons aux boîtes. En voici déjà trois qui nous viennent des sacs.

Trois et cinq, huit; et huit, seize; et trois, dix-neuf; et deux, vingt et un; et un, vingt-deux; et quatre, vingt-six.

Les vingt boîtes s'en allèrent dans deux paniers, et elle mit derrière la planche les six qui lui restaient.

Ramasse-Tout écrivit : 6 au-dessous de ses centaines.

— *Deux paniers et quatre paniers, cela fait six paniers.*

Écris vite un 6 au rang des mille, mon petit Ramasse-Tout, et viens m'aider à porter les paniers de l'autre côté de la planche.

Qu'avons-nous maintenant?

Six paniers six boîtes, pas de sacs et six pommes.

Voyons ton nombre?

6.606. C'est juste l'affaire. Voilà une opération faite, et tu vois que ce n'est pas bien malin.

— Comment faudra-t-il appeler cette opération-là?

— Nous l'appellerons l'ADDITION, et désormais, quand tu voudras réunir ensemble des nombres pour en faire un seul, tu pourras dire que tu les *additionnes*.

— Et le grand nombre que j'aurai à la fin, comment le nommer?

— Son nom sera le *total*, puisqu'il contient *tous* les autres.

LES PRENANT CHACUN PAR UN BRAS, ELLE LES RAMENA À LA MAISON.
(P. 30.)

CHAPITRE IV.

LA SOUSTRACTION.

Partageur avait gardé le silence tant qu'avait duré l'opération de son frère.

Quand elle fut terminée :

— A mon tour, dit-il. M. Ramasse-Tout a eu ce qu'il voulait; mais il faudra bien aussi qu'il fasse à ma volonté. Les pommes sont aussi à moi : il est juste que j'en aie ma part.

— Allons, Partageur, sois raisonnable, reprit l'additionneur. Tu vois toute la peine que nous nous sommes donnée, Pinchinette et moi, pour faire un seul total de toute la fortune de la maison. Ne va pas le défaire par esprit de taquinerie.

Il faut le laisser faire, interrompit Pinchinette. Cela vaudra mieux pour vous deux. De cette façon-là vous ne vous disputerez plus, et il n'y a pas de total au monde qui vaille la peine d'être un sujet de disputes entre deux frères. Que demandes-tu, Partageur?

— Je demande vingt-cinq boîtes, vingt-cinq sacs et vingt-cinq pommes. Mais je voudrais savoir si cela fait mon compte?

— Quel drôle de nombre me donnes-tu là? Il faut l'arranger autrement, si nous voulons l'écrire.

Vingt-cinq pommes, cela fait deux sacs et cinq pommes. Écris : 5 au rang des unités.

Vingt-cinq sacs, cela fait deux boîtes et cinq sacs. Avec les deux sacs qui viennent des pommes, cela fait sept sacs. Écris : 7 au rang des dizaines.

Vingt-cinq boîtes, cela fait deux paniers et cinq boîtes. En ajoutant les deux boîtes qui viennent des sacs, cela fait encore sept. Écris 7 au rang des centaines.

Pour représenter les deux paniers provenant des boîtes, écris : 2 au rang des mille.

C'est donc 2.775 pommes que tu veux, et nous en avons 6.606. Écris-moi là les deux nombres, le petit au-dessous du grand, et regarde bien ce que je vais faire.

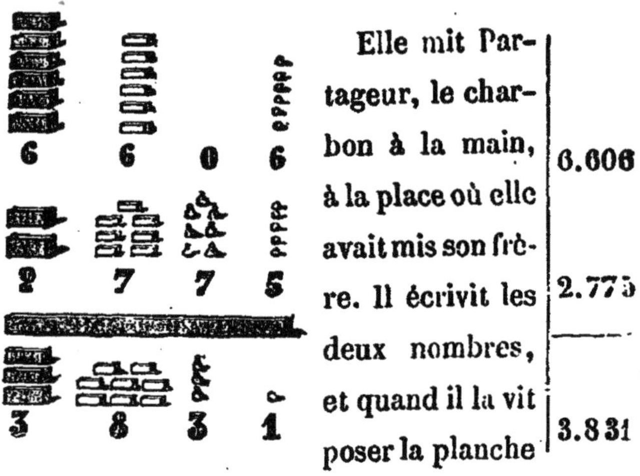

Elle mit Partageur, le charbon à la main, à la place où elle avait mis son frère. Il écrivit les deux nombres, et quand il la vit poser la planche sous la provision de pommes, il traça une barre sous ses nombres.

Elle avait laissé un intervalle entre la planche et les pommes.

— Vois-tu, dit-elle en lui montrant la place vide, je vais mettre là les 2,775 pommes que tu demandes, et que je vais retirer du tas successivement, en allant d'une rangée à l'autre. Ce qui restera de chaque rangée, je le mettrai derrière la planche, et tu écriras les chiffres sous ta barre, comme tu l'as vu faire à Ramasse-Tout.

Disant cela, elle prit les six pommes.

— Tu en veux d'abord cinq : les voilà. Celle qui reste ira derrière la planche.

Partageur écrivit : 1 sous ses unités.

— Il te faut ensuite sept dizaines, c'est-à-dire sept sacs. Nous n'en avons pas; mais il n'est pas difficile d'en avoir. Il y a là, à côté, six boîtes qui sont pleines de sacs. Je vais faire comme toi ce matin, et en vider une. J'y trouve dix sacs. Sept pour toi, et trois qui restent; le compte est bientôt réglé.

Elle mit les trois sacs restants derrière la planche, et Partageur écrivit : 3 sous ses dizaines.

— Maintenant j'ai à te donner sept centaines, ou sept boîtes. Il y en avait six tout à l'heure, et comme je viens d'en prendre une, il n'y en a plus que cinq. Mais voilà des paniers où je puis en prendre. J'en vide un où je trouve dix boîtes, et avec les cinq que nous avons déjà, cela fait quinze. Je t'en donne sept : il en reste huit. Mettons-les derrière la planche.

Partageur écrivit : 8 sous ses centaines.

— Pour les paniers, cela ne sera pas long. Nous en avons pris un : il en reste cinq, deux pour toi, et trois derrière la planche ; voilà qui est fait. Aide-moi à transporter tout cela.

Partageur se dépêcha d'écrire 3 sous ses mille, et les paniers furent mis en place en un clin d'œil.

Que reste-t-il à Ramasse-Tout? Trois paniers,

huit boîtes, trois sacs et une pomme. Voyons ton nombre.

3.831! C'est bien cela. Tu n'as pas assez réfléchi avant de parler, mon pauvre Partageur. Ton frère en aura plus que toi.

— Qu'à cela ne tienne, dit l'aîné, qui aimait la justice; je veux bien lui donner ce que j'ai de trop.

— Mais comment savoir au juste ce qu'il a de trop? reprit Partageur en se grattant l'oreille?

— Rien de plus facile; nous n'aurons pas besoin de rien déranger. Au moyen des chiffres seulement, je m'en charge. Regarde : je vais écrire le petit nombre sous le grand, et je vais l'en retirer, comme nous avons fait tout à l'heure.

$$
\begin{array}{r}
3.831 \\
2.775 \\
\hline
1.056
\end{array}
$$

Je ne peux pas retirer cinq unités d'une seule.

Je prends une des trois dizaines qui contient dix unités. Dix et une font onze, d'où je retire cinq, et il reste : 6.

Des deux dizaines qui restent, je ne peux pas retirer sept. J'en fais douze dizaines en y joignant les dix contenues dans une des huit centaines. Je retire sept de douze, et il reste : 5.

Nous n'avons plus que sept centaines en haut, puisqu'on a ôté une des huit. Il y en a juste sept en bas. Si je retire sept de sept, il ne restera rien. Mettons : 0.

Enfin, de trois mille si je retire deux mille, il en reste un. J'écris 1 au rang des mille, et le nombre que nous cherchions est enfin trouvé.

C'est 1.056 pommes que Ramasse-Tout a de plus que toi.

— Alors il va me les donner.

— Mais, petit bêta, s'il te les donne, c'est toi qui en auras 3.831, et lui n'en aura plus que 2.775. Ce serait à recommencer.

— Et comment cela?

— Tu ne vois donc pas que ces 1.056 qui restent font juste la différence qui existe entre 3.831 et 2.775. Si on les ôte de 3.831, il reste 2.775. Si on les ajoute à 2.775, cela fait 3.831.

— Eh! mon Dieu! comment nous tirer de là?

— Sais-tu quoi? s'écria Ramasse-Tout, que tous ces calculs commençaient à ennuyer; nous allons les donner à Pinchinette. J'espère qu'elle les aura bien gagnées.

— Eh bien! soit; mais à la condition qu'elle m'expliquera une chose qui m'embarrasse encore. Tout à l'heure, il n'y avait pas de sacs; nous en avons pris aux boîtes. Mais s'il n'y avait pas eu de boîtes non plus, comment aurait-on fait? Supposons, par exemple, ce nombre-là.

Il écrivit 6.006.

— La belle difficulté! Nous prenons un des paniers qu'on vide de ses dix boîtes. Il ne faut qu'une boîte pour les sacs, n'est-ce pas? Nous en laissons neuf au rang des boîtes, et nous gardons seulement la dixième qui nous donne ses dix sacs.

Regarde : voici un nombre qui a encore plus de zéros que le tien.

Elle écrivit : 6.000.

— Nous avons six mille. Je suppose qu'on veuille en retirer cinq unités.

D'un des mille je fais dix centaines, et j'en laisse neuf, en passant, au rang des centaines.

De la dernière centaine je fais dix dizaines. J'en laisse neuf au rang des dizaines, et la dernière me donne dix unités.

Quand tu auras retiré tes cinq unités, il te restera 5.995.

S'il t'arrive jamais de rencontrer comme cela des files de zéros, voici une règle qui est bien simple. Tu empruntes 1 au premier chiffre qui se trouve au bout des zéros. Tous les zéros qui le suivent deviennent aussitôt 9, jusqu'au rang qui était trop faible, et qui reçoit 10. Je viens de te montrer pourquoi.

Un long gémissement se fit entendre à côté d'eux. C'était Ramasse-Tout qui n'en pouvait plus.

— Ma bonne Pinchinette, fit-il d'un ton désolé, prends tes pommes, et laisse là ce bavard. Le temps se passe, et nous n'avons encore rien vendu aujourd'hui.

— Un moment! s'écria l'autre. Il faut auparavant qu'elle me donne un nom pour mon opération. Ton opération, à toi, a son nom; la mienne m'amuse beaucoup. J'aimerais à pouvoir en parler.

— Le nom est tout trouvé : c'est la SOUSTRACTION, puisqu'elle consiste à soustraire, ou à retirer, comme tu voudras, un nombre d'un autre.

— Et celui qui vient sous la barre, quel nom lui donner?

— La *différence*, puisque c'est la différence qui existe entre le grand nombre et le petit; ou bien le *reste*, puisque c'est ce qui reste du grand quand on en a soustrait le petit. Je te laisse le choix entre les deux noms. L'un vaut l'autre.

IL S'AGISSAIT DE PARTIR... (P. 61.)

CHAPITRE V.

LA MULTIPLICATION.

Il s'agissait maintenant de partir, Pinchinette pour retourner chez la marraine, les deux frères pour aller vendre leurs pommes, chacun à ses pratiques.

Ramasse-Tout, qui était de beaucoup le plus fort, laissait d'habitude l'âne à son petit frère, et s'en allait trottant sur le chemin, sa jolie hotte d'osier sur le dos. Il la remplit jusqu'en haut de sacs, prétendant qu'il serait plus commode de les avoir sous la main par dizaines à la fois. C'était lui qui servait les grosses maisons.

Partageur commença par vider ses deux paniers qui, pleins, étaient bien trop lourds pour qu'il pût les monter sur l'âne. Puis, quand ils furent placés, il y fit pleuvoir les pommes à la débandade, pour s'éviter la peine d'ouvrir plus tard à chaque instant les sacs, car il n'avait guère que de petits acheteurs qui prenaient rarement dix pommes à la fois.

Comme ils allaient se mettre en route, Pinchinette, qui s'était amusée à les regarder faire, eut tout à coup une idée. Vous n'avez pas oublié qu'elle aussi était propriétaire de pommes, puisqu'on lui en avait donné 1.056. Elle s'en était peu occupée d'abord, ne sachant trop qu'en faire, car elle ne pouvait pas penser à les apporter sur ses bras chez la marraine. L'idée lui vint qu'elle pourrait bien aussi les vendre, ou du moins les faire vendre, et que cela lui rapporterait de l'argent. Les petites filles ne sont jamais fâchées d'avoir quelque chose à elles.

Elle tira deux boîtes de son panier, et les tendant aux deux garçons :

— Chers frères, dit-elle, vous seriez bien gentils de vendre aussi de mes pommes. J'ai vu, l'autre jour, à l'un des magasins qui sont sur la place, un beau ruban rose qui m'a plu tout à fait. Et puis, il y a sur mon chemin une pauvre cabane où je suis entrée bien souvent. Cela me ferait un grand plaisir d'y porter une jolie paire de sabots pour le petit enfant, dont les sabots sont tout fendus.

Ramasse-Tout prit la boîte, qu'il attacha avec précaution sur sa hotte, aidé de Pinchinette qui lui tenait la ficelle.

Pendant ce temps-là, Partageur ouvrait machinalement les sacs de sa sœur, comme il avait fait des siens, et les pommes tombaient comme grêle dans les paniers, où elles se confondaient avec les siennes à lui.

— Ah! mon Dieu! s'écria Pinchinette quand

elle eut fini avec l'aîné et qu'elle se retourna du côté du cadet, ah! mon Dieu! qu'est-ce que tu fais là? Comment pourras-tu reconnaître ce qui est à moi dans les paniers?

— Sois tranquille. Je vendrai une pomme pour moi, une pomme pour toi; et, quand ce sera ton tour, je mettrai bien soigneusement de côté ce qui te reviendra.

— Je ne suis pas encore bien rassurée; mais nous verrons demain à retrouver notre compte.

Elle partit, et les deux petits marchands de pommes partirent aussi, chacun de leur côté.

Il faut vous dire qu'on avait pour monnaie dans ce pays-là de toutes petites pièces de cuivre, grosses à peine comme nos centimes, qu'on appelait des tocars, et qui étaient percées au milieu d'un petit trou par lequel on les enfilait, dans un gros fil, qui servait ainsi de bourse. Partageur avait pris deux fils, l'un pour sa

« SOIS TRANQUILLE. JE VENDRAI UNE POMME POUR MOI. » (P. 64.)

sœur, l'autre pour lui. Ramasse-Tout n'avait emporté qu'un fil, où tout allait, qu'il vendît des sacs de la boîte ou de ceux de la hotte.

Il faut vous dire aussi que, comme leurs pommes étaient les meilleures du pays, elles se vendaient assez cher, et qu'on leur donnait huit tocars pour une pomme. C'était un prix fait, et jamais maîtresse de maison ne se serait avisée de marchander avec eux. Dieu sait pourtant si les dames ont du plaisir à marchander! Mais on savait que cela n'aurait servi à rien.

Quand Pinchinette arriva le lendemain matin pour chercher son argent, elle trouva les deux garçons tout penauds.

Ramasse-Tout savait bien ce qu'il avait vendu de pommes de la boîte : il était facile de voir ce qui manquait. Mais il ne pouvait pas trouver ce qu'il devait à sa sœur.

Partageur savait bien ce qu'il avait d'argent pour elle : son fil était là. Mais il ne pouvait pas lui dire combien il avait vendu de ses pommes, et combien il en restait.

Ils n'osaient pas trop d'abord lui avouer leur embarras ; il fallut bien pourtant en venir là.

— Écoute, Pinchinette, dit en terminant Ramasse-Tout qui avait pris bravement la parole, il ne reste plus que neuf pommes dans ta boîte. Je t'ai donc vendu neuf sacs et une pomme, ce qui fait 91, si je me souviens bien. Chacune a été payée huit tocars, comme tu sais. Voilà mon fil de tocars ! Prends ce que tu voudras : je ne peux pas te dire mieux.

— Je te demande bien pardon, tu pourrais dire mieux. Ce serait bien meilleur pour moi de savoir au juste ce qui me revient. Je n'ai pas plus envie de prendre ton argent que tu n'as envie de garder le mien. Essayons quelque chose de plus raisonnable.

Tu dis que tu as vendu 91 pommes à 8 tocars la pièce. Si on les avait payées 1 tocar la pièce, cela ferait juste 91 tocars. A 2 tocars la pièce, cela ferait donc 2 fois 91 tocars; à 3 tocars, 3 fois 91, et ainsi de suite. On les a payées 8 tocars. Il me revient donc 8 fois 91 tocars. Écris 91 huit fois à la suite, de haut en bas, et nous allons additionner.

— Tu as, ma foi, raison. Comment n'ai-je pas pensé plus tôt à cela?

Il commença donc à écrire :

91
91
9...

— Arrête ! lui cria tout à coup Pinchinette. Je viens de trouver mieux.

Ayant pris le charbon, elle écrivit :

91
8
———
....8

— Dans 91, dit-elle, il y a neuf dizaines, plus une unité. Voyons à mesure ce qu'ont rapporté d'abord l'unité, et ensuite les neuf dizaines. Nous serons dispensés d'en écrire si long.

Pour l'unité, j'ai d'abord 8 tocars, c'est tout simple.

Pour chaque dizaine qui contient dix fois plus de pommes, j'aurai dix fois plus de tocars, c'est-à-dire 8 dizaines.

Pour les 9 dizaines, j'aurai donc 9 fois 8 dizaines, ou 8 *fois* 9 *dizaines*, cela revient au même.

8 fois 9?... Voyons, Ramasse-Tout, et toi, Partageur, 8 fois 9, qu'est-ce que cela fait?

Les deux têtes se baissèrent aussitôt. Elle vit tout de suite qu'elle ne pouvait pas compter sur eux.

— Je le trouverai bien sans vous, fit-elle, un peu piquée de se voir arrêtée ainsi dans son calcul.

Et comptant sur ses doigts :

Une fois neuf — neuf,
Deux fois neuf — dix-huit,
Trois fois neuf — vingt-sept,
etc.

Elle écrivit à mesure, sur une ligne de petits carrés numérotés, ce qui suit :

1	2	3	4	5	6	7	8	9
9	18	27	36	45	54	63	72	81

— Je le tiens, s'écria-t-elle ensuite toute joyeuse : 8 fois 9, cela fait 72 !

Tu me dois pour les 9 dizaines de pommes, 72 dizaines de tocars, ou 720. Avec les 8 tocars qui me reviennent pour la pomme vendue en dehors des dizaines, cela fait en tout 728 tocars Donne-les-moi, nous serons quittes.

— Ah ! je suis bien content, dit Ramasse-

Tout ; mais explique-moi encore une chose. Tu viens de me dire tout à l'heure que 9 fois 8, ou 8 fois 9, cela revient au même. En es-tu bien sûre ?

Pour toute réponse, Pinchinette reprit le charbon, et fit un grand nombre de traits disposés ainsi :

I I I I I I I I
I I I I I I I I
I I I I I I I I
I I I I I I I I
I I I I I I I I
I I I I I I I I
I I I I I I I I
I I I I I I I I
I I I I I I I I

— Combien y a-t-il de traits sur chaque ligne ?

— Huit.

— Et combien y a-t-il de lignes ?

— Neuf.

— Compte tous ces traits en suivant chaque ligne tout du long, l'une après l'autre... Combien en trouves-tu?

— Soixante-douze.

— Qu'as-tu fait là? Tu as compté neuf fois huit traits, puisqu'il y a neuf lignes de huit traits chacune. Et si maintenant tu comptais les traits par rangées de haut en bas, en descendant d'une ligne à l'autre, combien en aurais-tu?

— Quelle demande! soixante-douze. Que je compte en long ou en large, les traits sont toujours là. Ils restent les mêmes, cela saute aux yeux.

— Je suis tout à fait de ton avis. Eh bien! en comptant de haut en bas, tu aurais eu huit rangées de neuf traits chacune, ou huit fois neuf traits. Tu vois bien que 9 fois 8, ou 8 fois 9, cela revient au même, et tu aurais d'autres nombres, n'importe lesquels, que ce serait absolument la même chose. Mille fois quatre, ou quatre fois mille, cela fera toujours quatre mille.

Donne-moi mes 728 tocars, et sois bien tranquille; tu peux être persuadé que c'est mon compte.

CHAPITRE VI.

SUITE DE LA MULTIPLICATION.

Ramasse-Tout délia son fil, et compta soigneusement les 728 pièces qui revenaient à sa sœur. Mais, tout en comptant, il lui était venu à son tour une idée. Vous savez qu'il était grand ami des totaux. L'envie le prit de savoir quel serait le total de sa fortune en argent, quand il aurait vendu toutes les pommes qui lui avaient été données pour sa part.

— Ma petite Pinchinette, dit-il après un moment d'hésitation, je vais finir par te fatiguer; mais rends-moi encore un service. Comment savoir ce que j'aurai en tout de tocars quand j'aurai vendu mes 2.775 pommes?

— Écris 8 fois 2.775, et fais l'addition.

— Ce n'est pas là ce que je te demande. Je voudrais compter comme tu viens de le faire pour les 91 pommes.

— Eh bien! tu n'as qu'à faire le même raisonnement. 2.775 se compose de 2 mille, 7 centaines, 7 dizaines et 5 unités. Nous allons voir à mesure ce que rapportent les unités, les dizaines, les centaines et les mille, et nous additionnerons ensuite tout cela.

Elle écrivit encore :

$$\begin{array}{r} 2.775 \\ 8 \\ \hline \end{array}$$

Commençons tout de suite : 8 fois 5?... Allons; nous voilà embarrassés comme tout à l'heure. Il faut que je mette ordre à cela une fois pour toutes.

Elle écrivit d'un trait le petit tableau que vous trouverez dans votre Arithmétique sous le nom de *Table de Pythagore*. Je ne veux pas dire du mal de Pythagore, qui était un très-

1	2	3	4	5	6	7	8	9
2	4	6	8	10	12	14	16	18
3	6	9	12	15	18	21	24	27
4	8	12	16	20	24	28	32	36
5	10	15	20	25	30	35	40	45
6	12	18	24	30	36	42	48	54
7	14	21	28	35	42	49	56	63
8	16	24	32	40	48	56	64	72
9	18	27	36	45	54	63	72	81

habile homme dans son genre, et qui aura bien pu imaginer aussi quelque petite chose, à lui tout seul, de son côté. Toujours est-il qu'il n'approchait pas de Pinchinette, et que sa fameuse table, elle l'avait trouvée avant lui.

— Tu vois, dit-elle à Ramasse-Tout quand elle eut fini, nous voilà tirés pour toujours d'embarras. Mets le doigt sur la ligne de 8, et suis-la jusqu'à la cinquième rangée, qui est facile à reconnaître, puisqu'il y a un 5 en haut.

Tu trouves : 40.

C'est juste ce que vaut 8 fois 5.

Nous n'avons plus qu'à en faire autant à chaque fois qu'il nous viendra un nouveau chiffre. Si tu veux te donner la peine d'apprendre mon petit tableau par cœur, tu pourras compter ensuite tout ce que tu voudras, sans rien demander à personne.

8 fois 5, cela fait donc 40. Tes cinq pommes te rapporteront d'abord 40 tocars. Écrivons.	40
8 fois 7, cela fait 56. Tes sept dizaines de pommes te rapporteront 56 dizaines, ou 560 tocars. Écrivons. . .	560
A reporter. . .	600

Report. . .	600
Le chiffre des centaines est le même que celui des dizaines. C'est donc encore une fois 56; mais cette fois-ci nous avons 56 centaines, ou 5.600. Écrivons.	5.600
Enfin, 8 fois 2 mille, cela fait 16 mille. Ecrivons.	16.000
Maintenant additionnons, et nous trouverons.	22.200

C'est donc vingt-deux mille deux cents tocars dont tu seras propriétaire quand tu auras vendu tes deux mille sept cent soixante-quinze pommes.

— O ma petite Pinchinette, comme tu as de l'esprit, s'écria Ramasse-Tout, dont l'admiration pour sa sœur ne connaissait plus de bornes. Comment peux-tu trouver si vite une chose aussi difficile?

— Attends un peu; recommençons cela. Je viens de trouver un moyen d'aller encore plus vite.

Elle écrivit :

$$\begin{array}{r} 2.775 \\ 8 \\ \hline 22.200 \end{array}$$

Fais bien attention à mon raisonnement.

Quand je prends 8 fois les unités, 8 fois les dizaines, 8 fois les centaines, 8 fois les mille, j'obtiens successivement des unités, des dizaines, des centaines et des mille, juste dans l'ordre où tout cela se suit quand on écrit un nombre. Par conséquent, ce n'est pas la peine d'écrire à part chacun des nombres que j'obtiens pour les additionner ensuite. Tu vas voir qu'ils sauront bien s'additionner tout seuls.

Je dis donc : 8 fois 5 unités font 40 unités,

ou 4 dizaines juste. Il n'y aura pas d'unités au total, c'est clair, car ce ne sont pas les dizaines, ni les centaines, et encore moins les mille qui m'en donneront.

J'écris de confiance : 0 au rang des unités.

8 fois 7 dizaines font 56 dizaines. En ajoutant les 4 dizaines fournies par les unités, nous avons 60 dizaines, ou 6 centaines. Il n'y aura pas non plus de dizaines au total.

J'écris encore : 0 au rang des dizaines.

8 fois 7 centaines font 56 centaines. En ajoutant les 6 centaines fournies par les dizaines, nous avons 62 centaines, ou 6 mille et 2 centaines.

J'écris : 2 au rang des centaines.

Enfin 8 fois 2 mille font 16 mille. Ajoutons les 6 mille fournis par les centaines, nous aurons 22 mille, ou 2 dizaines de mille et 2 mille.

J'écris : 2 au rang des mille, 2 au rang des dizaines de mille, et nous trouvons ainsi du premier coup les 22.200 tocars.

— En voilà assez, Pinchinette ; je n'ose plus rien te demander, parce que je finirais par m'y perdre. Dis-moi seulement comment il faudra nommer cette belle opération. Belle ! on peut bien le dire. Elle est encore plus belle que l'addition !

— Nous la nommerons la MULTIPLICATION, parce qu'elle sert à multiplier un nombre par un autre.

— Je ne te comprends pas bien.

— Dans 8 tocars, il y a 8 fois 1 tocar, n'est-ce pas ? Eh bien ! 22.200 contient 2.775 huit fois, c'est-à-dire juste autant de fois que 8 contient de tocars, ou d'unités, si tu aimes mieux cela. En d'autres termes, multiplier un nombre par un autre, c'est en trouver un troisième qui contienne le premier autant de fois que le secon contient d'unités. Comprends-tu cela ?

— A peu près ; mais en y réfléchissant bien, je crois que cela finira par venir. Et comment appellerons-nous le premier, le second et le troisième nombre ?

— Le premier, 2.775 par exemple, s'appellera le *multiplicande*, c'est-à-dire celui qui est multiplié.

Le second, ici c'est 8, s'appellera *multiplicateur*, c'est-à-dire celui qui multiplie.

Quant au troisième, nos 22.200, nous le nommerons *produit*, parce que c'est le résultat ou le produit de la multiplication du premier par le second.

— Bon Dieu ! Pinchinette, où vas-tu chercher tous ces noms-là ?

— Vois-tu, mon petit Ramasse-Tout, notre marraine m'a appris le latin. Je ne suis pas fâchée d'utiliser un peu mon savoir, et ces noms-là veulent dire en latin ce que je t'ai expliqué. Ne te fâche pas après eux. Quand tu en auras pris l'habitude, ils te paraîtront tout naturels.

CHAPITRE VII.

LA DIVISION.

— Et toi, dit Pinchinette en se tournant vers Partageur, voyons maintenant combien tu as de tocars à moi.

On compta les pièces. Il y en avait 688.

— J'ai réfléchi, dit le garçon, pendant que tu parlais à Ramasse-Tout. Je n'ai plus besoin de toi pour trouver ce que j'ai vendu de pommes. Chacune a rapporté 8 tocars. Autant de fois je pourrais retirer 8 de 688, autant de pommes j'aurai vendues. Je n'ai donc qu'à faire des soustractions les unes après les autres, et je compterai ensuite combien j'en aurai fait. Leur nombre sera juste le nombre des pommes.

Et, enchanté de son idée, il commença sur-le-champ à la mettre à exécution.

```
688
  8
———
680
  8
———
672
  8
———
....4
```

— Mais, malheureux, s'écria Pinchinette en lui arrachant le charbon des mains, tu vas nous tenir là plus d'une heure! Cherchons ensemble un moyen qui ne soit pas si long.

Nous avons là 688 tocars, n'est-ce pas? C'est le produit de toute la vente.

Pour chaque pomme vendue, il y a là-dedans 8 tocars. C'est convenu.

Pour chaque dizaine de pommes, 8 dizaines de tocars. Cela va de soi.

Pour une centaine de pommes, il nous faudrait par conséquent 8 centaines de tocars.

Tu n'as que 6 centaines. Tu n'as donc pas vendu 1 centaine de pommes.

Changeons ces 6 centaines en dizaines. Avec les 8 dizaines qui viennent ensuite, cela fera 68 dizaines.

Autant de fois 8 sera contenu dans 68, autant tu auras vendu de dizaines de pommes. C'est clair, puisque chaque dizaine de pommes vendues est représentée sur ton fil par 8 dizaines de tocars.

Regardons sur mon tableau.

8 fois 8 font 64, et si nous retirons 64 de 68, il ne restera plus que 4.

Donne-moi ces 64 dizaines de tocars, c'est-à-dire 640, et mettons d'abord que tu as vendu 80 pommes. Il y a là juste le prix de 8 dizaines de pommes.

Il nous reste maintenant 4 dizaines de tocars, ou 40. Avec les 8 qui viennent ensuite, cela fait 48.

Autant de fois 8 sera contenu dans 48, autant de pommes tu auras vendues.

Que dit le tableau?

6 fois 8 font 48.

Donne-moi les 48 tocars; c'est juste le prix de 6 pommes.

Il ne te reste plus rien, et je sais que tu as vendu 86 pommes : notre compte est réglé. Je t'en avais donné 100. Fais la soustraction. Tu m'en dois encore 14.

Partageur n'avait rien à dire; pourtant, il lui en coûtait de s'avouer vaincu.

— Avec un petit nombre comme celui-là, dit-il, on peut encore s'en tirer. Mais si j'avais vendu mes 2.775 pommes, comme Ramasse-Tout le supposait pour lui-même tout à l'heure, comment ferais-tu pour te débrouiller des 22.200 tocars?

— Rien de plus simple. Puisque tu as suivi notre opération, tu as pu voir que les 22,200 se composaient :

De 40, produit de la vente des 5 pommes;

De 560, produit de la vente des 7 dizaines de pommes;

De 5.600, produit de la vente des 7 centaines de pommes;

Et de 16.000, produit de la vente des 2 mille pommes.

Je vais en retirer successivement le produit de la vente des mille, des centaines, des dizaines et des unités, et je retrouverai tout tranquillement 2.775.

2, le chiffre des dizaines de mille de tocars, ne contient pas 8. Je vois déjà qu'il n'y aura pas de dizaines de mille au nombre des pommes.

Je change les dizaines de mille en mille, et, avec les 2 qui suivent, j'ai 22 mille.

En 22, 8 n'est contenu que 2 fois, ce qui fait 16, et il reste 6 mille.

On a donc vendu d'abord 2 mille pommes qui ont produit 16.000 tocars.

Écrivons d'une part. 16.000 et de l'autre 2.000

Les 6 mille qui restent, ajoutés aux 2 centaines, font 62 centaines.

En 62, 8 est contenu 7 fois pour 56, et il reste 6 centaines.

On a donc vendu 7 centaines de pom-

A reporter. . . 16.000 2.000

Report. . .	16.000	2.000
mes qui ont produit 56 centaines de to-cars.		
Écrivons d'une part.	5.600 et de l'autre	700
Les 6 centaines qui restent nous donnent 60 dizaines auxquelles il n'y a rien à ajouter, puisque nous trouvons 0 au rang des dizaines.		
En 60, 8 est encore contenu 7 fois pour 56, et il reste 4 dizaines.		
On a donc vendu 7 dizaines de pommes qui ont produit		
A reporter. . .	21.600	2.700

Report. . .	21.600	2.700
56 dizaines de tocars.		
Écrivons d'une part.	560 et de l'autre	70
Avec les 4 dizaines qui restent, nous aurons juste 40 unités, puisqu'il y a 0 au rang des unités.		
40 contient 8 juste 5 fois.		
On a donc vendu 5 pommes qui ont produit 40 tocars.		
Écrivons d'une part.	40 et de l'autre	5
Maintenant, additionnons, et nous trouverons d'une part.	22.200 et de l'autre	2.775

J'ai donc 2.775 pommes dont la vente a produit les 22.200 tocars dont tu me parlais; et, si je veux m'assurer que je ne me suis pas trompée, je n'ai qu'à multiplier 2.775 par 8, nombre de tocars que chaque pomme a produit. Tu sais d'avance ce que je trouverai.

— Sais-tu bien, toi, Pinchinette, s'écria Ramasse-Tout avec des larmes dans les yeux, que tu n'es plus aussi amusante qu'au commencement?

Le pauvre garçon aurait mieux fait de ne pas parler.

—Tais-toi! lui cria Partageur indigné. N'as-tu pas honte de venir ainsi nous déranger au milieu d'une opération si utile et si bien imaginée! Si tu n'es pas capable de cinq minutes d'attention, va jouer avec tes boîtes et tes paniers, et laisse-nous travailler. Je veux apprendre quelque chose, moi!

— A la bonne heure! reprit Pinchinette; voilà

qui est parler en brave petit homme. Pour te récompenser, je veux te montrer à faire ton opération d'une manière plus simple.

Elle écrivit :

22.200	8
16	2.775
62	
56	
60	
56	
40	
40	
00	

— Regarde bien. Tu vas retrouver là tout ce que nous venons de faire. J'ai fait descendre une grande ligne, à partir de 22.200, pour tenir à part tous les nombres que nous avons à en retirer l'un après l'autre, et j'ai tiré une barre sous le 8, pour le séparer de 2.775, nombre que nous avons à trouver.

As-tu remarqué que de 2.775 nous avons eu d'abord le chiffre des mille, puis celui des centaines, puis les dizaines, puis les unités ? Ce n'est donc pas la peine d'écrire : 2.000, puis 700, puis 70, puis 5, et d'additionner tout cela. Écrivons : 2 d'abord, tout simplement, et les trois chiffres qui viendront après nous feront bien voir que ce 2 là représente des mille. Ecrivons : 7, et les deux chiffres suivants nous montreront bien que celui-là représente des centaines, puisque, grâce à eux, il se trouvera au troisième rang. De même pour le 7 des dizaines que le 5 des unités viendra maintenir à son rang. De cette façon-là, nous trouvons 2.775, sans tant user notre charbon, et sans avoir besoin de tant de place pour faire notre opération.

D'un autre côté, à quoi bon écrire à part 16.000, puis 5.600, puis 560, puis 40. Si j'écris 16 au-dessous des mille, dans le même rang, je verrai bien qu'il s'agit de 16 mille, et de plus j'aurai l'avantage de pouvoir faire sur place la soustraction. Le 6 qui reste est bien évidemment 6 mille, puisqu'il est sous le rang des mille, et quand j'écris à côté : 2, le chiffre des centaines, je vois tout de suite que j'ai 62 centaines, puisque le 2 est sous le rang des centaines. Je fais le même raisonnement pour les dizaines et les unités, et il est assez clair, à la fin, que les quatre nombres, retirés l'un après l'autre, font ensemble 22.200, puisque, quand j'ai retiré le dernier, il ne reste plus rien du tout.

Qu'est-ce que tu dis de tout cela?

— Je m'imagine bien que tu dois avoir raison; mais il faudra me laisser revoir cela à moi tout seul. Il y a beaucoup de choses à la fois là-dedans. Tu comprends qu'elles ne peuvent pas se loger dans la tête du premier coup.

— A ton aise, mon petit Partageur. Je vois que tu es un bon garçon et que tu aimes à te rendre compte des choses. Cela me fait plaisir pour toi. As-tu encore quelque chose à me demander?

— Dame! jusqu'à présent tu as donné un nom à toutes les opérations; celle-là devrait avoir aussi le sien. Il me semble qu'elle le mérite bien.

— Eh bien! nous l'appellerons la DIVISION, puisqu'elle consiste à partager, à *diviser* un nombre en autant de parties qu'un autre nombre contient d'unités. Ici, par exemple, nous avons divisé 22.200 par 8, et nous avons trouvé 2.775. qui y est contenu huit fois, juste autant qu'il y a d'unités dans 8.

Je me suis amusée tout à l'heure à faire pour ton frère des noms latins : tu en auras aussi.

22.200 s'appellera le *dividende*, parce que c'est le nombre qui est divisé.

8 sera le *diviseur*, parce que c'est le nombre qui divise.

2.775 sera le *quotient*.

— Ah bien! celui-là est encore plus drôle que les autres.

— Il vient du mot latin *quoties*, qui veut dire : combien de fois?

Qu'est-ce que tu cherchais quand je t'ai arrêté dans tes soustractions?

Combien de fois 8 était contenu dans 688.

C'était déjà un peu long. Mais avec 22.200, dis-moi un peu ce que tu serais devenu? Je te conseille de me remercier : tu aurais eu à faire 2.775 soustractions!

CHAPITRE VIII.

RETOUR SUR LA MULTIPLICATION ET LA DIVISION.

— Enfin ! soupira Ramasse-Tout, j'espère que vous y avez mis le temps !

— Tu es un égoïste, répliqua vivement Partageur. Je n'ai rien dit, moi, pendant que l'on faisait ton opération, qui a été encore plus longue; et la mienne n'a pas pris bien sûr trop de temps pour ce qu'elle vaut. Elle est bien plus belle que la tienne.

— Peut-on dire cela, par exemple ! La multiplication est bien plus belle que la division : elle n'est pas si entortillée. Après cela, tu auras beau dire, qu'elles soient belles toutes les deux tant qu'elles voudront, c'était plus amusant au commencement. On avait sous les yeux ce que l'on faisait, et l'on comprenait mieux.

— Oh! tête paresseuse! s'écria en riant Pinchinette. A quoi sert donc d'avoir une intelligence dans la tête, si l'on ne peut comprendre que ce que l'on a sous les yeux? C'est juste ce que dirait ton âne, s'il pouvait parler.

Mais voyons, puisque tu regrettes mon ancienne manière, nous allons recommencer avec les sacs et les boîtes.

Prenons chacun 5 pommes, 4 sacs et 6 boîtes.

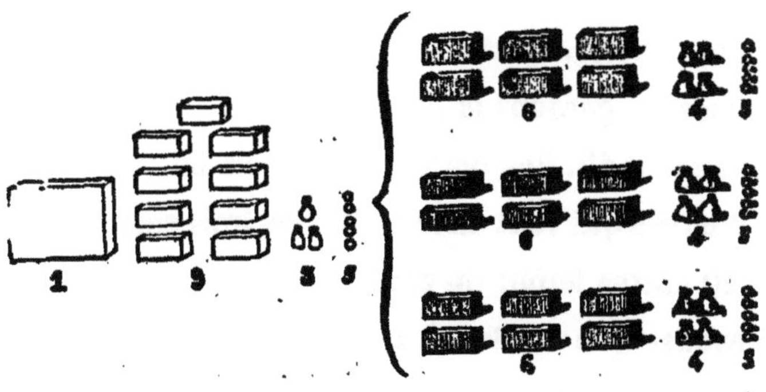

Voilà maintenant nos trois parts bien alignées. Tu es content; tu les vois.

Il y a là 3 lignes contenant chacune 645 pommes. Il s'agit de voir combien feront 3 fois 645 pommes.

3 est le multiplicateur, 645 le multiplicande; le nombre que nous allons trouver sera le produit.

3 fois 5 font 15. Je commence par mettre en place les 5 pommes, et j'ai de quoi faire 1 sac que je garde dans la main.

3 fois 4 font 12. Avec le sac de tout à l'heure, nous avons, à nous trois, 13 sacs, c'est-à-dire 3 sacs et 1 boîte. Mettons les 3 sacs à côté des 5 pommes, et gardons la boîte.

3 fois 6 font 18. Une boîte de plus, cela fait 19. Voilà 9 boîtes qui vont aller à côté des trois sacs, et les 10 autres feront un panier.

Qu'avons-nous en tout? 1 panier, 9 boîtes, 3 sacs et 5 pommes.

Vous savez comment cela s'écrit :

1.935.

Voilà le produit de la multiplication de 645 par 3.

Es-tu satisfait?

— Tu es vraiment trop complaisante, chère Pinchinette. Si j'oublie cela maintenant, je te permets de me gronder.

— Et la division? dit Partageur, qui était jaloux des droits de son opération, est-ce qu'on pourrait aussi la faire de cette façon-là?

— Certainement. Tu vois ces 1.935 pommes que je viens de réunir, amusons-nous maintenant à les partager entre nous trois.

1.935 sera le dividende, 3 le diviseur. Le nombre des pommes qu'aura chacun de nous sera le quotient.

Il n'y a qu'un panier. Il ne faut pas être bien malin pour voir que nous ne pouvons pas en avoir chacun un.

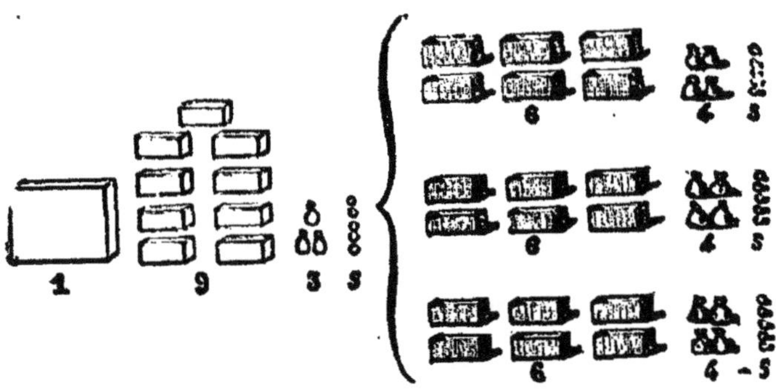

Le panier vidé de ses boîtes, nous avons 19 boîtes. 3 fois 6 font 18. Partageons 18 boîtes entre nous trois, nous en aurons chacun 6, et il en restera une.

Cette boîte-là vidée de ses sacs, nous avons 13 sacs. 3 fois 4 font 12. Partageons 12 sacs entre nous trois, nous en aurons chacun 4, et il en restera un.

Ce sac-là vidé de ses pommes, nous avons 15 pommes. 3 fois 5 font 15. Nous aurons juste chacun 5 pommes, et il ne restera plus rien.

Notre division est faite. Le tas de 1.935 pommes a complétement disparu, et nous en avons chacun 645. C'est là notre quotient.

— Bravo! Pinchinette, dit Partageur en se frottant les mains de plaisir. Maintenant c'est tout à fait clair pour moi. Mais nous t'avons gardée assez longtemps. C'est le moment de nous mettre en route, si nous voulons arriver dans les maisons avant l'heure du dîner. Je suis pressé de raconter aux gens tout ce que nous savons faire, grâce à toi. J'en connais qui vont ouvrir de grands yeux.

Les deux garçons embrassèrent tendrement leur sœur, qui reprit le chemin de la demeure de sa marraine, la figure un peu rouge, pour dire la vérité, car vous pouvez penser qu'elle avait fait joliment travailler sa tête depuis qu'elle était avec ses frères. Mais comme il arrive toutes les fois qu'on a bien travaillé, elle se sentait légère comme une plume La chanson des petits oiseaux lui donnait des envies de danser. Les fleurs du chemin lui semblaient plus belles et sentaient meilleur que jamais. Tout lui riait autour d'elle, comme au fond de son cœur; et les passants qui la rencontraient ne pouvaient s'empêcher de dire, en se retournant pour la suivre du regard : « Voilà une petite fille qui est bien heureuse. »

TOUT LE MONDE ÉTAIT BIEN ATTENTIF (P. 110).

CHAPITRE IX.

ORIGINE DES FRACTIONS.

Partageur était dans un enthousiasme qui ne tarda pas à se communiquer à son frère, malgré les impatiences qu'il avait eues à la fin. Le souvenir des fatigues et des ennuis de la leçon s'évanouit comme par enchantement dès que Ramasse-Tout se sentit la hotte sur le dos, et ce qu'il avait appris lui restait. Nos deux petits marchands de pommes partirent donc tout joyeux pour aller faire leur tournée, et je dois dire qu'ils ne vendirent guère ce jour-là. Ils parlaient à tout venant des belles choses que leur avait enseignées Pinchinette, et de tous les côtés on les retenait pour leur faire répéter les explications.

Bientôt il ne fut bruit dans tout le pays que de ces merveilleuses inventions. Les gens s'arrêtaient dans les rues, et se communiquaient la nouvelle. C'était une allégresse universelle, tout comme si l'on eût gagné une grande bataille, et de fait on venait de gagner une grande bataille, une bataille contre l'ignorance, le pire ennemi qu'on puisse avoir. Aujourd'hui, les petits enfants qui ne savent pas encore l'arithmétique ne s'en aperçoivent pas beaucoup, parce que leurs parents la savent pour eux, et font tous les comptes qui sont nécessaires dans la maison. Mais dans ce temps-là, avant l'invention de l'arithmétique, on était bien malheureux. Quand il y avait quelque chose à compter, il fallait compter sur ses doigts, avoir tout sous les yeux, mettre de côté ce que l'on prenait, juger à vue d'œil la plupart du temps. Quand il y avait trop d'objets réunis à la fois, on s'embrouillait bien souvent, et personne n'était sûr de ce qu'il faisait. Les plus hardis en imposaient aux autres, et l'on ne savait pas de moyen pour leur prouver qu'ils avaient trompé. Vous avez pu en juger par ce qui était arrivé aux deux garçons avec leurs pommes.

Tous ces inconvénients disparaissaient, grâce à l'esprit de Pinchinette. Mais comme on ne la voyait pas, il était à peine question d'elle, et toute la gloire fut pour Ramasse-Tout et Partageur, dont le nom vola dans la journée, de bouche en bouche, jusqu'aux extrémités du pays. Le roi, comme on peut bien le penser, ne fut pas un des derniers à être instruit de ce qui se passait, et immédiatement il envoya son premier ministre, avec ordre de lui amener sur-le-champ les petits garçons qui faisaient tant parler d'eux. Plus que tout autre, il avait eu l'occasion de gémir sur l'impossibilité de faire des comptes exacts. C'était un très-bon roi qui aimait beaucoup à s'occuper de ses sujets, et il n'en avait pas moins de 26.740, comme il ne tarda pas à le savoir, car le lendemain on les compta, et l'on écrivit leur nombre d'après la nouvelle méthode de Pinchinette. Jusque-là il avait su seulement qu'il en avait beaucoup.

Dès que Ramasse-Tout et Partageur furent arrivés dans le palais, le roi fit ranger toute la cour sur des bancs dans la grande salle du trône, et lui-même se plaça sur le premier banc, avec la reine et son fils Oscar, qui allait bientôt avoir douze ans. On apporta un beau tableau noir qui servait de registre au ministre des finances, pour tenir note, au moyen de barres faites avec de la craie, de toutes les pièces d'argent qui entraient dans sa caisse ou en sortaient; et vous pouvez juger quel travail c'était pour lui. Tout le monde était bien attentif, car le roi avait promis le grand cordon de son ordre du Serpent-Gris à celui des courtisans qui comprendrait le plus vite et le mieux.

Aussi l'on aurait entendu voler une mouche dans la salle quand nos deux garçons entrèrent, chacun un bâton de craie à la main. Ils expliquèrent ensemble la numération, l'un faisant les chiffres, l'autre les figures des sacs, boîtes et paniers; et cette première partie de la leçon fut saluée d'unanimes acclamations. Ensuite, chacun d'eux enseigna tour à tour à l'auguste assemblée les opérations qu'il regardait comme sa propriété, Ramasse-Tout l'addition et la multiplication, Partageur la soustraction et la division.

On les fit recommencer, car les courtisans avaient la tête dure, à ce qu'il paraît. Quand ils eurent enfin terminé, le roi s'étant tourné vers sa cour, et ayant demandé par trois fois qui se sentait de force à gagner la récompense promise, il aurait eu le chagrin de ne pouvoir la donner à personne si un marmiton des cuisines royales, qui s'était faufilé par une porte entre-bâillée, ne s'était présenté hardiment. Le petit drôle s'embarrassa à la fin dans la division ; mais il avait si bien dit tout le reste que le roi l'embrassa devant toute la cour, le nomma son secrétaire intime, et lui passa au cou, séance tenante, le grand cordon de l'ordre du Serpent-Gris, qui lui descendait jusqu'au-dessous des genoux.

Je vous raconte tout cela pour vous faire bien comprendre quel événement ce fut dans le pays que l'invention de cette arithmétique dont les enfants ont l'air quelquefois de faire fi. Pendant quinze jours, on ne s'occupa que de cela dans toutes les réunions. Les dames s'invitaient entre elles à des soirées où l'on jouait à l'addition, à la soustraction. Les fortes têtes du Cercle Académique exécutaient des multiplications et des divisions devant toute une foule accourue pour les voir, et des tonnerres d'applaudissements s'élevaient autour des calculateurs, quand ils avaient mis la main sur un produit ou sur un quotient.

Je dois ici vous prévenir que mon Partageur, garçon de précaution, pour être plus sûr de ne pas se tromper dans sa grande opération, n'avait eu garde d'essayer des divisions en public sur les premiers nombres venus. Se rappelant la marche suivie par Pinchinette pour sa démonstration, il avait eu bien soin d'opérer toujours sur des produits obtenus à l'aide de multiplications faites auparavant, et qu'il divisait par l'ancien multiplicateur. De cette façon-là il savait d'avance quel serait son quotient, et naturellement ses divisions étaient toujours exactes. Il ne restait jamais rien après la dernière soustraction.

Les gens, habitués par lui à cette manière de faire, s'en contentèrent d'abord. Dans le premier feu de l'enthousiasme, on se pâmait devant les beautés de l'opération, sans lui demander à quoi elle pouvait servir. Faite ainsi, elle ne servait à rien en réalité, puisqu'elle ne donnait jamais qu'un nombre connu d'avance, et c'était affaire de curiosité pure de trouver par ce moyen-là ce qu'on tenait déjà. On devait finir par s'en apercevoir. Le premier qui murmura, et proposa d'essayer au hasard, fut tancé d'importance. On lui prouva clair et net qu'il n'était qu'un cerveau brûlé, et qu'il allait tout compromettre en rompant avec la tradition. Il se le tint pour dit, et n'en parla plus.

Enfin le roi, qui protégeait plus que jamais la nouvelle découverte, donna, un beau jour, une grande séance d'arithmétique dans son palais. Il ne se possédait plus de joie depuis qu'il connaissait, à un homme près, le nombre de tous ses sujets, et il promenait sa cour de fête en fête. Partageur et Ramasse-Tout parurent à celle-ci en habits tout chamarrés d'or et de dentelles, car c'étaient maintenant de gros personnages. Partageur portait sur lui une telle foule de décorations qu'elles s'entre-choquaient et faisaient un petit bruit quand il marchait. Quant à Ramasse-Tout, il n'en avait qu'une, mais c'était une plaque d'or, avec des rayons, qui lui couvrait toute la poitrine. De Pinchinette, on n'en parlait plus du tout.

Les deux héros de la fête s'avancèrent d'un pas majestueux vers le tableau noir, pour donner encore une fois les bienheureuses explications en faveur de quelques vieux courtisans qui n'étaient pas encore parvenus à tout saisir. M. le secrétaire intime se tenait respectueusement derrière eux, l'éponge à la main, prêt à s'élancer pour effacer les chiffres dont ils n'auraient plus besoin.

La séance commença, aussi intéressante que la première fois, car la curiosité publique semblait ne pouvoir se lasser. Cette séance ne fut l'abord qu'un long triomphe pour les deux petits garçons; mais un terrible affront les attendait.

Partageur venait de terminer sa démonstration capitale en divisant le produit d'une multiplication faite auparavant par son frère, et le dernier chiffre du quotient était arrivé, comme toujours, juste à point. On le saluait d'une triple salve d'applaudissements, dont le roi lui-même avait donné le signal. Lui s'inclinait modestement, tout gonflé d'orgueil en dedans, et le petit Oscar se disait tout bas qu'il aurait bien échangé sa future couronne contre la gloire du grand petit homme qu'il avait sous les yeux.

Tout à coup le ministre des finances se leva, et prit la parole sans en demander la permission. Les mauvaises langues prétendaient qu'il n'était partisan qu'à demi des nouveaux comptes, dans lesquels il était trop facile de voir clair. On se chuchotait à l'oreille que s'il avait moins de peine avec eux, il n'avait plus autant de profit. Mais il faut se méfier un peu de tous ces bruits qui courent sur les gens en place : ils viennent bien souvent de ceux qui auraient envie d'avoir leur place. Nous aimons mieux croire que c'était l'amour du progrès qui le poussait.

— Gracieuse Majesté, dit le ministre des finances en faisant une profonde révérence du côté du bon roi qui lui rendit un petit salut, Gracieuse Majesté, il est temps, à mon humble avis, de faire servir à quelque chose d'utile l'admirable opération que nous venons tous d'applaudir. Nous sommes, dans cet heureux pays, 26.746 qui bénissons tous les jours le ciel de servir le meilleur des maîtres. Nous voudrions vous offrir un gage de notre reconnaissance pour l'immortelle découverte qui portera la gloire de votre règne à la postérité la plus reculée. Donnons chacun une misère, un tocar. Les pommes de ces enfants sublimes se vendent 8 tocars la pièce : que le seigneur Partageur divise hardiment 26.746 par 8, et qu'il nous dise combien nous pourrons déposer de pommes aux pieds de Votre Majesté.

Un sourd murmure accueillit cette audacieuse innovation. Tenter à l'aveuglette une division dont le quotient était inconnu ! ! ! Les amis de la tradition auraient bien voulu se récrier ; mais l'astucieux ministre des finances les avait mis dans un cruel embarras, en enveloppant sa perfide demande dans un hommage utile à la personne royale, et l'on n'osait trop lui faire une opposition qui aurait pu être mal interprétée.

Le monarque avait essayé d'abord un refus.

— En vérité, mon cher ministre, je n'ai que faire de toutes ces pommes !

Mais on protesta aussitôt de tous les coins de la salle. La reine déclara que les pommes viendraient on ne peut mieux pour sa provision l'hiver, qui n'était pas encore faite. Oscar assura qu'il les connaissait déjà, et qu'elles étaien très-bonnes. Il fallut se résigner.

— Après tout, dit le bonhomme, un tocar par tête, c'est bien peu pour chacun, et pour moi cela fait un profit qui n'est pas encore à dédaigner. Mon petit ami Partageur va me faire cette division. Cela nous donnera peut-être du nouveau.

Et ce fut ainsi que le ministre des finances, en déboursant un tocar, eut l'honneur d'en donner 26.746 à son maître, qui ne lui en sut pas mauvais gré. Au contraire!

Partageur était devenu tout pâle en recevant l'ordre d'exécuter l'aventureuse entreprise. Il pressentait un danger, et il aurait bien voulu pouvoir s'en aller. Mais il n'y avait pas moyen de reculer. D'une main tremblante il promena la craie sur le tableau noir, et l'opération suivante se déroula sous les yeux de l'assemblée, qui la suivait avec une anxiété facile à comprendre :

26.746	8
24	3.343
27	
24	
34	
32	
26	
24	
2	

Fatalité! il restait 2!!

L'opération n'était pas finie, et l'opérateur ne pouvait pas aller plus loin. Il était au bout de son rouleau.

CHAPITRE X.

LES FRACTIONS DÉCIMALES.

— Eh bien! dit le roi, qu'allons-nous faire de ces 2 tocars? Je ne voudrais pourtant pas les perdre. Il s'agit maintenant, mon garçon, de faire honneur à toutes les décorations que je t'ai données. Comment vas-tu t'y prendre?

Partageur se mit à pleurer.

— Je ne sais pas, dit-il. On ne m'en a pas appris plus long.

Et l'ingrat se souvenant alors de Pinchinette :

— Il n'y a que ma sœur, balbutia-t-il avec un pénible effort, il n'y a que ma sœur qui puisse nous tirer de là.

Vite et vite on attela les meilleurs chevaux du roi à son plus beau carrosse, et le grand écuyer en personne monta sur le siége. On ne pouvait pas s'en remettre à un cocher vulgaire d'une course aussi pressée. En moins de temps que vous ne sauriez l'imaginer, le carrosse était de retour, et pendant que les palefreniers s'empressaient autour des chevaux, blancs d'écume, Pinchinette sautait à terre avec la grâce et la légèreté d'un petit oiseau.

Les deux anciens marchands de pommes s'étaient précipités à sa rencontre, faisant danser les décorations et s'embarrassant les jambes dans les plis des beaux costumes. Elle éclata de rire en les apercevant.

— Eh ! bon Dieu ! s'écria-t-elle, comme vous voilà fagotés, mes pauvres garçons ! Je ne vous savais pas devenus si grands seigneurs.

— Ah ! Pinchinette, murmura Partageur, tu n'as pas le temps de te moquer de nous. C'est fait de nous et de notre fortune si tu ne viens pas à notre secours.

Et il lui raconta rapidement, avec une mine consternée, ce qui venait de se passer. Elle l'ignorait encore, car le grand écuyer, dans sa précipitation, n'avait pas pris le temps de lui rien expliquer.

— Je vais voir ce que l'on peut faire, dit tranquillement Pinchinette. Ne te bouleverse pas tant. Je suis sûre que ce ne sera pas difficile.

Elle entra dans la salle du trône sans avoir peur le moins du monde, mais en saluant si gentiment l'assemblée, qu'elle se gagna tous les cœurs à l'instant même. Le ministre des finances ne put lui-même s'empêcher de faire le plus gracieux de ses sourires.

Un voisin officieux glissa quelques mots à l'oreille du roi, et il fut bien étonné d'apprendre qu'il avait devant lui le véritable inventeur de toutes les belles choses qu'il glorifiait si bien dans la personne de deux écoliers. Il jura qu'on ne l'y prendrait plus. Mais que pouvait-il y faire? Les rois sont comme les autres : ils ne peuvent pas savoir ce qu'on ne leur apprend pas.

Cependant un silence religieux s'était établi. Pinchinette avait les yeux fixés sur ce malheureux 2 qui était venu là si mal à propos, et elle réfléchissait profondément.

— Sire, dit-elle enfin, ces deux unités sont dix fois plus faibles que les dizaines. Les dizaines sont dix fois plus faibles que les centaines, et cela va toujours ainsi jusqu'à l'autre bout des nombres. A mesure que l'on passe d'un chiffre à l'autre, en venant de celui qui est en tête, ils représentent toujours des quantités de dix en dix fois plus petites. On a dû vous expliquer cela.

Qui nous empêche de continuer de la sorte après l'unité?

Nous avons à diviser 2 par 8, ce qui paraît d'abord impossible. En voici le moyen.

Elle écrivit :

20	8
16	25
40	
40	
00	

— Si nous partageons chacune de ces unités en dix parties, nous aurons 20 au lieu de 2; mais chacune des dix parties sera dix fois plus petite que l'unité, en d'autres termes sera un dixième de l'unité.

En 20, 8 est contenu 2 fois pour 16.

S'il s'agissait de 16 unités, 8 y serait bien réellement contenu 2 fois. Mais comme il s'agit seulement de 16 dixièmes d'unité, c'est-à-dire d'une quantité dix fois plus petite, il est facile de voir qu'il y est seulement contenu 2 dixièmes de fois, c'est-à-dire dix fois moins. — Nous écrivons 2 dixièm au quotient.

Nos 16 dixièmes retranchés de 20, il en reste encore 4.

Si nous partageons chacun de ces 4 dixièmes d'unités en dix parties, comme dix fois dix font cent, nous aurons des centièmes d'unité, et nous en aurons 40.

40 contient 8 juste 5 fois, et par conséquent 40 centièmes le contiendront 5 centièmes de fois. — Nous écrivons au quotient les 5 centièmes à la suite des 2 dixièmes, et notre division est complète.

26.746 contient donc 8 d'abord 3.343 fois, pour lesquelles vous aurez, sire, 3.343 pommes.

Il le contient ensuite 2 dixièmes, 5 centièmes, ou mieux 25 centièmes de fois, pour lesquels vous aurez 25 centièmes de pomme.

— Oh! oh! dit le roi, qui était un peu comme Ramasse-Tout, et qui n'aimait pas à réfléchir trop longtemps; oh! oh! voilà qui me paraît un peu embrouillé!

Pinchinette aperçut deux belles galettes qu'un grand laquais apportait sur un plateau pour les besoins particuliers de la famille royale.

— Votre Majesté, dit-elle, serait-elle assez bonne pour désigner 8 personnes, et me permettre de partager entre elles ces 2 galettes?

Le roi se désigna lui-même d'abord, c'était trop juste; puis la reine et le petit prince; puis le ministre des finances, qui pour le moment était en faveur; puis Pinchinette et ses deux frères; et enfin, pour faire le huitième, il prit le secrétaire intime qui se trouvait là sous sa main. M. le secrétaire faisait les galettes quand il était marmiton, et maintenant il les mangeait. Voilà ce que c'est que de devenir savant!

Quand les choix eurent été faits, Pinchinette tira un petit couteau de sa poche, et partagea chacune des 2 galettes en dix parties. Il y en avait 20 par conséquent.

— Voyez, sire, dit-elle, nous avons là 20 dixièmes de galette. J'en mets 16 de ce

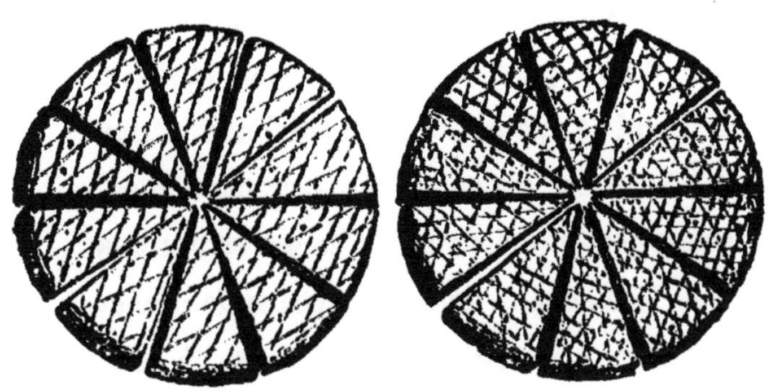

côté, et là-dessus nous en aurons chacun 2.

Elle coupa encore en dix chacun des 4 mor-

ceaux qui restaient, et elle eut ainsi 40 morceaux.

Prenant ensuite délicatement entre le pouce et l'index un des 40 morceaux :

— Regardez bien, continua-t-elle. Voici le centième d'une galette, puisqu'il en faut dix comme celui-là pour faire le dixième d'une galette. Nous en avons 40 de ces centièmes. Partageons-les entre nous, et nous en aurons chacun 5. Nous avons déjà 2 morceaux dont chacun vaut 10 de ces petits-là. C'est donc 25 centièmes de galette qui nous reviennent à chacun.

2 divisé par 8 a donc pour quotient 25 centièmes.

— Bravo! fit le roi, et toute la cour répéta : bravo! Il n'y eut qu'Oscar qui fit un peu la grimace, car il avait espéré d'abord être mieux partagé, les deux galettes ayant été apportées pour 3, et non pour 8. La reine essaya de le consoler en lui abandonnant sa part à elle; mais il n'y trouvait pas encore son compte. Elle finit par faire un signe au grand laquais, qui disparut avec son plateau.

Pendant ce temps-là, les autres faisaient fête à leurs 25 centièmes de galette, et le roi, frappant amicalement sur l'épaule de son ministre, le complimentait, la bouche pleine, sur la belle idée qu'il avait eue, et qui venait de faire faire à la science un si grand pas.

— Et maintenant, belle petite, dit-il à Pinchinette quand il eut avalé son dernier centième, remettons-nous au travail si tu le veux bien. Comment allons-nous écrire notre nombre de pommes?

— Comme je vous l'ai annoncé, sire, en mettant les nouveaux chiffres à la suite de celui des unités. Seulement, pour marquer la séparation, nous mettrons une virgule entre l'unité et les parties plus petites qu'elle qui la suivent.

Elle écrivit : 3.343,25.

— On pourra mettre après cette virgule autant de chiffres que l'on voudra. Leur valeur ira toujours en diminuant de dix en dix, de même qu'avant la virgule elle va toujours en augmentant de dix en dix, à partir de l'unité.

Ainsi, à gauche de l'unité, qui est le point de départ de tout le reste, nous avions des dizaines, des centaines, des mille, des dizaines de mille, etc., c'est-à-dire des valeurs toujours dix fois plus fortes. A droite de l'unité, nous aurons des dixièmes, des centièmes, des millièmes, des dix-millièmes, c'est-à-dire des valeurs toujours dix fois plus faibles. C'est la virgule qui nous avertira du point où les valeurs commencent à monter d'un côté, à descendre de l'autre

— Voilà qui est, ma foi ! parfaitement imaginé, s'écria le bon roi en riant de plaisir, en laissant voir une rangée de dents magnifiques, qui paraissaient bien de taille à croquer les 3.343 pommes, et les 25 centièmes avec.

Et, après un moment de réflexion :

— Ah ! çà, dit-il, je vois que tout repose sur cette virgule. Et qu'arriverait-il, ma mignonne, si l'on avait le malheur de se tromper de place en la mettant? Sais-tu bien qu'ensuite on ne s'y reconnaîtrait plus du tout?

— Pardonnez-moi, sire, on pourrait toujours s'y reconnaître. Si l'on avait avancé la virgule d'un rang vers la gauche, le nombre serait devenu dix fois plus petit ; si de deux rangs, il serait devenu cent fois plus petit, et toujours comme cela jusqu'au premier chiffre. Si l'on avait reculé la virgule d'un rang vers la droite, le nombre serait devenu dix fois plus grand ; si de deux rangs, il serait devenu cent fois plus grand, et toujours ainsi jusqu'au dernier chiffre.

Et, maintenant que j'y pense, ce sera même une manière très-commode de multiplier ou de diviser, d'un coup de craie, un nombre par 10,

VOTRE MAJESTÉ, DIT-ELLE, SERAIT-ELLE ASSEZ BONNE POUR MOI. » (P. 127.)

100, etc. Pour le multiplier par 10, reculez la virgule d'un rang; pour le diviser par 10, avancez la virgule d'un rang : le tour est fait.

Voyez ceci : 33.432,5.

Vous avez dix fois plus de pommes.

Et ceci : 334,325.

Vous avez dix fois moins de pommes.

— Ah! oui-dà! petite sorcière. Et comment nous prouveras-tu cela?

— Dans le premier cas, vos unités sont devenues des dizaines : elles sont dix fois plus fortes.

Dans le second cas, elles sont changées en dixièmes : elles sont dix fois plus faibles.

Comme dans les deux cas, tous les autres angs ont avancé ou reculé du même pas que les unités, ils sont tous uniformément dix fois plus forts ou dix fois plus faibles. Toutes les parties du nombre ayant grandi ou diminué dix fois en même temps, le nombre entier est bien forcé d'en avoir fait autant.

— Je suis content de toi, mon enfant ; tu as réponse à tout. Je ne te demanderai plus qu'une chose : comment faudra-t-il nommer ces nombres que tu viens d'inventer, et qui sont placés après la virgule?

Pinchinette chercha un moment dans sa tête.

— Quand j'étais petite, dit-elle enfin, je me suis un jour cassé le bras, et je me rappelle que le médecin appelait cela une *fracture*.

Eh bien ! ici, nous avons cassé l'unité en morceaux, et ces morceaux-là en d'autres plus petits. Nous appellerons donc nos nouveaux nombres des *fractions*, et comme les morceaux vont toujours de dix en dix en se fractionnant, nous dirons FRACTIONS DÉCIMALES.

Tout le monde ici sait bien sûr le latin ; aussi, je n'ai besoin d'apprendre à personne qu'en latin *decimus* veut dire *dixième*.

— C'est entendu, dit le roi ; nous savons tous le latin. D'ailleurs, ceux qui ne connaissaient pas tout à l'heure ce *decimus*, si par hasard il y en a ici, ceux-là le connaissent maintenant.

CHAPITRE XI.

LES FRACTIONS ORDINAIRES.

En ce moment, on vit rentrer le grand laquais avec son plateau, sur lequel il y avait deux autres galettes.

— Bonne idée! dit en riant le monarque, qui se sentait en belle humeur. Voici de quoi faire encore une division!

Oscar se leva précipitamment.

— Papa, s'écria-t-il, nous connaissons déjà la division de 2 par 8. Je voudrais bien voir la division de 2 par 3. Si tu faisais partager ces deux galettes-là entre nous trois?

— Comme tu voudras, mon bijou. Je suis bien aise de voir que tu aimes à t'instruire.

Allons, chère petite, essayons cette division-là.

Pinchinette réfléchit, et, contre son habitude, elle parut inquiète.

— Avec votre permission, sire, dit-elle enfin, j'essayerai la division sur une seule galette. Si elle ne réussit pas, nous verrons à faire autrement avec l'autre.

Elle prit donc une galette qu'elle coupa en dix morceaux. Elle donna trois morceaux au roi, trois à la reine, trois au petit prince, ce qui faisait neuf. Il lui en resta un.

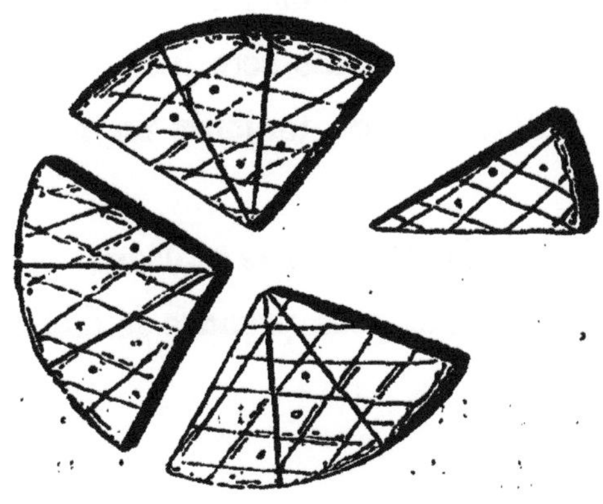

Ce morceau coupé à son tour en dix autres, les trois personnes royales en eurent encore trois chacune. Il en resta encore un.

— Voilà ce que je craignais, s'écria-t-elle. Nous pourrions couper comme cela jusqu'à demain matin : il nous restera toujours un morceau.

Tenez, voilà notre division sur le tableau.

Et laissant les galettes pour prendre la craie, elle écrivit :

```
10    | 3
 9    |-------
---   | 0,3333...
 10   |
  9   |
 ---  |
  10  |
   9  |
  --- |
   10 |
    9 |
   ---|
    1 |
```

— Trois dixièmes, trois centièmes, trois millièmes, trois dix-millièmes!... Nous n'en verrons jamais la fin. Il faut trouver autre chose.

— Un mot, avant d'aller plus loin, interrompit le roi. Pourquoi as-tu mis là un zéro avant ta virgule?

— La virgule doit venir après le rang des unités, et nous n'avons pas d'unités au quotient, puisque 1, chiffre d'unité au dividende, ne contient pas le diviseur 3. Il fallait un zéro pour remplir la place vide. Vous savez bien que c'est le métier du zéro.

— C'est juste. Mais cela ne nous aide pas à sortir de notre division. Comment vas-tu te tirer de là, ma pauvre fille?

— Ah bien! je suis bonne! fit tout à coup Pinchinette avec un petit éclat de rire qu'elle ne put réprimer à temps. Je vais chercher bien loin ce qui est tout près.

Et reprenant son couteau, elle partagea la seconde galette en trois morceaux.

— Voilà! dit-elle. Vous en aurez chacun un tiers.

— Si c'est là toute ton invention, je l'aurais bien trouvée moi-même. Avec une galette, c'est bien facile! Mais si tu avais eu les deux, comment aurais-tu fait?

— Je les aurais coupées toutes les deux en trois morceaux, et vous auriez eu chacun deux tiers.

— Tiens, tiens, tiens! Mais à ce compte-là nous aurions bien pu en faire autant tout à l'heure avec notre division par 8?

— Votre Majesté a bien raison. On peut achever comme cela toutes les divisions, quels que soient le reste et le diviseur.

Supposons, par exemple, qu'on partage 11 galettes entre 6 personnes.

En 11, 6 est contenu une fois, et il reste 5.

On partage chacune des 5 galettes en autant de morceaux qu'il y a de personnes, c'est-à-dire en 6; et chacune des personnes prend autant de morceaux qu'il y avait de galettes, c'est-à-dire 5.

Tenez, voici comment j'écrirais cette division-là :

$$\begin{array}{r|l} 11 & 6 \\ 6 & \overline{\quad\quad} \\ \hline 5 & 1\frac{5}{6} \end{array}$$

Comme vous le voyez, cette fraction-là n'est autre chose que le reste de la division qu'on écrit en haut, et le diviseur qu'on écrit en bas.

Le 5, qui est en haut, indique combien chaque personne a de morceaux. Je l'appellerai le *numérateur*. En latin, *numerare* veut dire *compter*. Il indique le compte des morceaux.

Le 6, qui est en bas, indique en combien de morceaux chaque galette a été partagée. Je l'appellerai le *dénominateur*. En latin, *denominare* veut dire *nommer*. Il indique le nom des morceaux, si ce sont des demis, des tiers, des quarts, des cinquièmes, etc.

Ici nous avons des sixièmes, et voilà notre quotient :

Une galette et cinq sixièmes.

Ce sera la part de chacune des six personnes

— Dans ce cas-là, dit le roi, qui écoutait de toutes ses forces, au lieu d'avoir 25 centièmes de pomme pour mes 2 tocars, j'en aurais 2 huitièmes. J'aime mieux cela. Les morceaux sont plus gros, et il me semble que j'y ai plus de profit.

— C'est absolument la même chose, reprit Pinchinette.

Dans le premier cas, la pomme est partagée en 100 morceaux, et vous en avez 25.

Dans le second cas, elle est partagée en 8 morceaux, et vous en avez 2.

25 est le quart de 100. 2 est le quart de 8. D'une façon comme de l'autre, c'est toujours le quart d'une pomme que vous avez.

— Vois-tu, maman, dit là-dessus Oscar à la

reine, tout à l'heure sur les deux galettes je n'a vais qu'un quart de galette, et cette fois, sur une seule, j'ai eu un tiers. Tu vois bien que, même avec ta part, je n'avais pas encore mon compte, car cela m'a fait deux quarts, et j'aurais eu deux tiers.

— Tu n'y as pas perdu beaucoup, cher petit. La différence n'est pas bien grande.

Mademoiselle Pinchinette, continua la reine en s'adressant à la petite fille, pourriez-vous nous dire quelle est la différence entre deux tiers et deux quarts?

— C'est une soustraction que vous me demandez là, madame. Laissez-moi y réfléchir un instant.

Pour y voir plus clair, je veux écrire d'abord les deux fractions.

$$\frac{2}{3} \quad \frac{2}{4}$$

Rendons-nous bien compte de notre affaire.

Avec deux fractions qui auraient le même dénominateur, la soustraction serait bientôt faite. On retrancherait le numérateur de la plus faible du numérateur de la plus forte. Et de même, si l'on voulait additionner. On n'aurait qu'à réunir ensemble les numérateurs. C'est ce que vient de faire tout naturellement Son Altesse le prince Oscar. Il a vu tout de suite qu'un quart et un quart, cela fait deux quarts; qu'un tiers et un tiers, cela fait deux tiers.

Mais pour faire ces deux opérations-là, il est indispensable que les fractions aient le même dénominateur. On ne peut pas plus soustraire 2 quarts de 2 tiers, qu'on ne peut additionner ensemble 3 pommes et 6 chiens. Que ce soit des tiers, des quarts, des chiens, des pommes, il faut toujours opérer sur des choses de même nature.

Nous voilà donc forcés de réduire $\frac{2}{3}$ et $\frac{2}{4}$ au même dénominateur, sans rien changer, bien entendu, à la valeur de chaque fraction. Comment faire ?

Elle regarda quelques instants ses deux fractions ; puis se frappant joyeusement la tête :

— J'ai trouvé, dit-elle. Il s'agissait seulement de faire attention à deux choses.

D'abord il est bien clair que si je multiplie à la fois le numérateur et le dénominateur d'une fraction par un nombre quelconque, 4 par exemple, elle ne changera pas de valeur, puisque d'une part j'aurai 4 fois plus de parties, et que de l'autre elles seront 4 fois plus petites, l'unité se trouvant partagée en un nombre de parties 4 fois plus grand.

Faisons cette opération-là sur $\frac{2}{3}$; nous aurons $\frac{8}{12}$, qui représente exactement la même quantité.

Vous devez vous rappeler ensuite qu'il a été convenu, quand on vous a montré la multiplication, que 3 multiplié par 4, et 4 multiplié par 3, cela revenait absolument au même, et qu'on avait nécessairement le même produit.

Multiplions maintenant de la même manière les deux parties de $\frac{2}{4}$ par 3, nous aurons $\frac{6}{12}$ qui a exactement la même valeur.

Qu'avons-nous fait là?

Nous avons multiplié les deux nombres de chaque fraction par le dénominateur de l'autre, 2 et 3 par 4, 2 et 4 par 3. De cette façon-là les deux dénominateurs ont été multipliés deux fois l'un par l'autre, et l'on devait avoir nécessairement deux fois le même produit.

C'est bien aussi ce qui est arrivé.

Au lieu de $\frac{2}{3}$ et $\frac{2}{4}$ qu'on ne pouvait soustraire l'un de l'autre, nous avons maintenant $\frac{8}{12}$ et $\frac{6}{12}$ avec lesquels la soustraction est bien facile.

Retranchons 6 de 8, il reste 2.

Malgré votre générosité, madame, Son Altesse le prince Oscar a perdu deux douzièmes de galette à la division que j'avais proposée.

—Deux douzièmes, c'est beaucoup! murmura le prince Oscar.

— C'est un sixième. Nous pouvons nous servir ici de la division, comme tout à l'heure de la multiplication. En divisant les deux nombres, ou, si vous voulez, les deux termes d'une fraction par le même nombre, nous n'en changeons pas la valeur.

Ainsi $\frac{1}{6}$, qui représente 2 et 12 divisés chacun par 2, a juste la valeur de $\frac{2}{12}$.

En effet, au lieu de deux morceaux de galette, nous n'en avons plus qu'un, c'est vrai; mais aussi la galette, au lieu d'être coupée en douze, n'est plus coupée qu'en six, et il est bien évident que notre nouveau morceau vaut les deux anciens, puisque si l'on coupait chacun des six morceaux en deux, cela en ferait douze. Un sixième vaut donc deux douzièmes.

Oscar, qui se dépêchait d'achever sa dernière

bouchée de galette, fit signe de la tête qu'il avait compris, et il tirait déjà la robe de sa maman pour se faire emmener.

— Attendez un moment, dit Pinchinette, en vous parlant de multiplication et de division, je viens de m'apercevoir d'une chose.

Pour multiplier une fraction par un nombre, supposons 3, on peut indifféremment multiplier son numérateur, ou diviser son dénominateur par 3.

Dans le premier cas, on a 3 fois plus de parties ; dans le second, elles deviennent 3 fois plus grandes.

Pour diviser une fraction par 3, il est également indifférent de diviser son numérateur, ou de multiplier son dénominateu par 3.

Dans le premier cas, on a 3 fois moins de parties ; dans le second, elles deviennent 3 fois plus petites.

Je crois qu'il est bon d'en prendre note. Cela pourra nous servir par la suite.

— Votre Majesté désire-t-elle que nous cherchions autre chose? continua Pinchinette en se tournant du côté du roi qui commençait à bâiller.

— Non, chère petite, répondit-il en se secouant un peu. A chaque jour suffit sa peine. Je trouve que c'est assez pour aujourd'hui. Nous savons maintenant ce que c'est que ces fractions. Le reste viendra plus tard, au fur et à mesure que nous en aurons besoin.

Là-dessus il se leva, car il se sentait les jambes tout engourdies par une aussi longue séance, et toute l'assemblée en fit autant.

La reine vint embrasser Pinchinette qui se vit entourée en un clin d'œil par tous les courtisans, chacun l'accablant de tant de compliments qu'elle en était devenue toute rouge, et ne savait plus quelle contenance garder.

Le roi, voyant son embarras, la prit par la

main, et l'emmena dans une embrasure de fenêtre, où personne n'osa les suivre.

— Écoute, mon enfant, lui dit-il du ton le plus paternel, je te dois une récompense pour tout ce que tu viens de nous apprendre. Quelle place veux-tu à ma cour? Parle, tu peux choisir; et si tu en demandes une qui n'existe pas, on la fera pour toi.

— Sire, je n'en demande aucune, répondit Pinchinette. Je suis trop heureuse chez ma marraine. Mais si vous voulez me faire bien plaisir, rendez-moi mes deux frères que vous avez fait habiller si drôlement. Je les connais; ils n'ont pas la tête forte; ils finiraient par la perdre au milieu de tout ce monde-là.

Heureusement pour la hardie petite fille que personne n'avait pu l'entendre, car je ne sais pas trop ce qui aurait pu se passer. L'admiration, et même un certain respect qu'elle inspirait au roi, la protégèrent aussi contre la bouffée de colère qui lui était montée au nez.

— Tous ces gens d'esprit sont les mêmes, grommela-t-il dans sa barbe. Ils sont d'une fierté qui est vraiment ridicule.

Puis, prenant son parti en brave :

— Emmène tes frères, mon enfant, continua-t-il d'une voix radoucie. Puisque tu ne veux pas d'autre récompense, je ferai mettre une belle page pour toi dans l'histoire de mon règne. Tu peux y compter.

Pinchinette partit donc avec ses frères, et la page qu'on lui avait promise lui fut donnée assurément. Par grand malheur toute l'histoire du règne a été perdue depuis, si bien qu'on ne sait plus même le nom du roi : c'est pour cela que jusqu'à présent vous n'aviez jamais entendu parler de Pinchinette, la plus spirituelle petite fille qui ait jamais existé. Voyez à quoi elle se serait exposée si elle avait travaillé pour la gloire! Mais comme elle ne demandait qu'à faire plaisir et à être utile aux autres, elle a eu bien sûr la récompense qu'elle voulait, et nous ne la plaindrons pas.

CHAPITRE XII.

LE SYSTÈME MÉTRIQUE.

Ramasse-Tout et Partageur étaient donc rentrés chez eux, marchands de pommes comme devant, et ils ne s'en trouvaient pas plus mal. Pinchinette avait repris possession de la gloire qui lui appartenait; mais cette gloire rejaillissait sur ses frères, qu'on traitait partout avec la plus grande considération. De plus, chose importante, à la suite de tout le bruit qui s'était fait à leur sujet, leur commerce prit un développement qu'on pouvait qualifier d'effrayant.

Les voyageurs et les marchands portèrent en peu de temps de contrée en contrée la renommée du verger magique et des pommes merveilleuses à propos desquelles l'arithmétique avait été inventée. Tout le monde voulut en goûter, autant par gourmandise que par curiosité, car on apprit en même temps qu'elles étaient très-bonnes; et des commandes de pommes tombèrent comme grêle chez nos marchands, de tous les pays étrangers. Heureusement que les arbres du verger étaient *fées*, et que, se voyant cueillis tous les jours, ils se mirent bravement à produire dix fois plus de pommes qu'auparavant; mais cela ne suffisait pas encore. Tous ceux qui avaient une fois mangé de ces fruits délicieux en redemandaient à grands cris, et vous pensez bien qu'il n'était plus question d'âne ni de hotte. On ne rencontrait *plus* sur les routes que voitures de pommes qui partaient, à grandes journées, jusque pour les régions les plus lointaines. Voyant cela, les garçons doublèrent leur prix; ils le triplèrent; ils le quadruplèrent : rien n'y faisait. Notez bien que leurs pommes n'étaient pas meilleures qu'auparavant; mais la renommée s'y était mise, et si plus tard vous faites jamais du commerce, vous saurez ce que c'est que la renommée pour les choses qui se vendent. Le prix des pommes à la mode monta si haut que bientôt les rois et les chanteurs d'opéra auraient été les seuls à pouvoir en manger, si la marraine des deux marchands n'y avait mis le holà. Elle déclara très-sèchement que le verger leur avait eté donné à l'intention surtout des petits enfants, et menaça de le frapper de stérilité si l'on s'avisait de vendre trop cher ce qui ne coûtait rien que la peine de cueillir à l'arbre. Ils se résignèrent donc à gagner moins; mais ils avaient beau jeu : leur fortune était faite

Je parierais bien que vous ne vous doutez guère où je veux en venir avec toutes ces histoires de ventes à l'étranger. Voici l'affaire.

Dans ce temps-là, et c'est encore un peu

comme cela à présent, mais bien moins, chaque petit pays, grand comme la main, avait ses mesures, ses poids, ses monnaies à lui, qui n'avaient aucun rapport avec les mesures, les poids, les monnaies des autres pays. Il y avait des jours où les malheureux garçons ne savaient plus où donner de la tête à cause de cela.

Tantôt on voulait avoir leurs pommes au poids; et les uns, c'étaient des Russes, demandaient des *pouds* qui valaient 32 de nos livres actuelles, et quelque chose avec; les autres, c'étaient des Anglais, demandaient des *livres avoir-du-poids*, je ne change rien au nom, qui valaient 453 grammes, et un peu plus d'un demi-gramme.

Tantôt on les voulait à la mesure; et les uns, s'étaient des Suisses, demandaient des *malters* qui valaient 150 litres; les autres ou bien des *scheffels* qui valaient 52 litres à un rien près, ou bien des *metze* qui valaient 61 litres et demi, ou bien des *sesters* qui valaient 15 litres, et toutes sortes d'autres mesures : ceux-là étaient des Allemands. Les Français demandaient des boisseaux ; mais, à cette époque-là, ils avaient autant de boisseaux que de villages, de sorte que c'était à ne plus s'y reconnaître.

S'agissait-il de payer? c'était une bien autre affaire.

Alors arrivaient :

La *livre sterling* d'Angleterre, qui valait 25 francs 20 centimes ;

Le *thaler* prussien, qui valait 3 francs 71 centimes, plus 2 dixièmes de centime ;

Le *florin* autrichien, qui valait 2 francs 60 centimes, en forçant un peu, et le *florin du Rhin*, qui valait 2 francs 12 centimes, en diminuant quelque chose ;

Les deux *roubles* russes, le *rouble argent*, qui valait 4 francs, et le *rouble papier*, qui n'en valait qu'un ;

Le *dollar* américain, qui valait 5 francs 34 centimes, et un peu plus d'un demi-centime;

La *piastre* espagnole, qui valait 5 francs 26 centimes, moins 2 dixièmes de centime; j'entends la nouvelle piastre, car il y avait encore l'ancienne piastre qui valait 5 francs 49 centimes, et une autre ancienne piastre qui valait 6 centimes de moins.

Voilà beaucoup de monnaies, n'est-ce pas? Eh bien! remerciez-moi de toutes celles que j'ai passées.

Et, pour mieux compliquer la besogne des infortunés marchands de pommes, on avait imaginé, afin de faire gagner un peu ceux qui maniaient l'argent, une invention très-jolie qui s'appelait *le change*, et en vertu de laquelle la livre sterling, par exemple, valait un jour 25 francs 20 centimes, le lendemain 25 francs 25 centimes, le surlendemain 25 francs 15 centimes; et de même pour les thalers, les florins, es piastres, les dollars : le tout au choix de ces messieurs.

Vous concevez combien c'était amusant pour nos petits négociants quand il fallait faire là-dessus leur compte de tocars, et combiner tout cela avec les malters, les pouds et les scheffels. Plus d'une fois, Pinchinette fut obligée de venir à leur secours; mais elle y perdait aussi son latin, elle qui le savait si bien, et bien souvent sa pauvre petite tête n'en pouvait plus.

— Pinchinette, lui dit un jour Ramasse-Tout, qui la regardait d'un œil attendri recommencer pour la troisième fois un compte allemand de deux pages, où les scheffels s'entortillaient avec les thalers, et les sesters avec les deux florins; Pinchinette, chère petite sœur, est-ce que tu ne pourrais pas imaginer des monnaies, des poids et des mesures qui soient les mêmes pour tous les pays du monde? Voilà qui vaut la peine qu'on s'en occupe! Ce serait un fier service que tu rendrais à tous les hommes!

— Oh! je voudrais bien, répondit la bonne petite fille; mais c'est trop fort pour moi. Où veux-tu que j'aille chercher cela?

— Attends, il me vient une idée. Le jour où tu as trouvé les fractions dans la salle du trône, j'étais là ne sachant quoi faire, et je regardais le pied du roi. Sais-tu qu'il a un bien beau pied, plus long que tous ceux que j'aie jamais vus! Si on le prenait pour mesurer en long, et qu'on parte de là pour arranger le reste?

— Eh! mon pauvre Ramasse-Tout, les autres pays n'en voudront pas. Chacun dira que c'est son roi qui a le plus beau pied.

— C'est juste. Le pied du roi d'ici n'a pas son pareil, j'en suis parfaitement sûr; mais si on l'imposait aux autres peuples, cela pourrait bien les humilier.

— Partageur était tout oreilles à cette conversation, et vous allez bien vite comprendre pourquoi. Avec sa rage de tripoter les pommes,

Il s'était empressé dans les commencements de leur vogue de s'offrir pour faire le service des envois étrangers, et il sentait bien qu'il finirait par en devenir fou. Que de fois n'avait-il pas envoyé des malters pour des sesters, et des pouds pour autre chose! C'étaient alors des plaintes infinies. Parfois on renvoyait la marchandise, et cela faisait de gros frais. Il aurait bien donné la moitié de ses bénéfices pour être délivré de tous ces ennuis. Tout à coup il eut une inspiration.

— Est-ce qu'il n'y aurait pas moyen, dit-il, de trouver quelque chose de commun à tous les hommes qui n'appartînt pas davantage à un pays qu'à l'autre? De cette façon-là, personne ne serait humilié.

— Eh! bien sûr, s'écria Pinchinette, c'est là ce qu'il faudrait faire; mais comment venir à bout de trouver une chose qu'on puisse tenir dans les mains, et qui n'appartienne à aucun pays? Pour le coup, j'ai beau chercher, je donne ma langue au chat.

— Écoutez, reprit-elle, nous perdons notre temps à nous occuper d'une chose qui est au-dessus de nos forces. Allons trouver notre marraine qui sait tout : elle nous dira bien ce que l'on peut faire. Tant pis pour l'Allemand, il attendra. Cela lui apprendra à être si embrouillé.

Ils se prirent tous les trois par la main, et commencèrent à courir sur le chemin qui conduisait chez leur marraine.

La bonne fée se mit à rire en les voyant entrer tout essoufflés, car elle savait déjà ce qui les amenait.

— Ce que vous venez me demander, mes chers enfants, leur dit-elle, est impossible à l'heure qu'il est. Les hommes attendront encore bien longtemps avant de jouir d'un bienfait aussi précieux. Mais si vous me promettez de n'en rien dire à personne, pour ne pas faire de jaloux, je

LA BONNE FÉE SE MIT A RIRE. (P. 164.)

vais vous apprendre d'avance comment cela s'arrangera quand le moment sera venu.

Il arrivera une époque où, grâce aux efforts mille fois répétés de tous ceux qui auront passé sur la terre, et tu y seras aussi pour ta bonne part, ma petite Pinchinette, il arrivera donc une époque où la science des hommes leur permettra des entreprises dont vous ne sauriez vous faire aucune idée dans ce moment. Ils pèseront le soleil et la lune; ils mesureront la distance qui nous en sépare, et vous pouvez vous figurer sans peine qu'ils ne seront pas bien embarrassés après cela pour mesurer cette grosse boule qui s'appelle la terre, sans plus de façons que vous en mettriez à mesurer une de vos pommes en l'entourant d'un cordon.

Il se rencontrera alors un peuple dont il y aura peut-être bien des choses à dire qui ne seront pas toutes à son avantage; mais il y en aura une du moins qui le rendra plus grand par un côté que tous les autres. Il s'occupera moins de lui-même que de tout le monde, c'est-à-dire moins de ses intérêts et de ses vanités personnelles que de la vérité, de la justice et du bien général. En conséquence, c'est lui qui sera choisi pour accomplir cette grande réforme, au profit de tous les hommes.

Tenez, nous allons la supposer faite, pour un instant. Il me sera plus facile ainsi de vous l'expliquer.

Voyez-vous ce petit globe que je viens de tracer? C'est la terre. C'est bien là assurémen quelque chose de commun à tous les hommes. Aucune nation, si orgueilleuse qu'on la prenne, aucune nation ne peut dire que c'est à elle, et la mesure qu'on parviendrait à lui emprunter, tous ses habitants pourraient bien l'accepter, sans se sentir humiliés. Eh bien! faites attention à ce qui va suivre.

Ayant la mesure d'une de vos pommes, il vous serait bien facile de trouver la longueur du cordon qui serait nécessaire pour l'entourer. Ayant la mesure de la terre, il n'a pas été plus difficile de trouver la longueur de la ligne qui pourrait l'entourer.

Naturellement, cette longueur-là ne pouvai pas servir à mesurer la taille des petites filles ni ce qu'il faut d'étoffe pour leur faire une robe. Qu'a-t-on imaginé? On a pris sa 40 millionième partie.

— Comment dis-tu, marraine? s'écrièrent les trois onfants à la fois.

— Je dis sa 40 millionième partie. Vous pouvez bien vous represente ce que c'est qu'un million : c'est mille fois mille, un gros nombre, n'est-ce pas? Eh bien! prenez-le 40 fois, vous aurez le nombre de parties imaginé pour diviser cette ligne gigantesque qui ferait le tour de la terre en passant par ses deux pôles. Une de ces parties était donc 40 millions de fois plus petite, et l'on pouvait s'en servir assez commodément pour mesurer.

C'est là ce qu'on est convenu d'adopter pour mesure universelle, pouvant servir à tous les hommes; et, de peur de laisser prise par quelque bout à la jalousie, on n'a même pas voulu lui donner un nom pris dans la langue du peuple chez qui se faisait ce grand travail, on l'a appelé

MÈTRE,

d'un mot emprunté à une langue des anciens

temps, la langue grecque, et signifiant *mesure*.

Le *mètre*, c'était donc la *mesure*, la mesure par excellence, celle qui devait servir à trouver toutes les autres.

Et, d'abord, il fallait penser aux cas où l'on aurait besoin soit de la multiplier, soit de la diviser, c'est-à-dire de mesurer des longueurs plus grandes ou plus petites que la sienne.

On s'est servi ce jour-là de ce que tu as trouvé, Pinchinette. On est allé, comme toi, toujours de dix en dix, en multipliant le mètre comme en le divisant, et l'on a fait d'abord des mesures de 10 mètres, de 100 mètres, de 1,000 mètres, de 10,000 mètres, puis des mesures d'un dixième, d'un centième, d'un millième de mètre. Au delà d'un millième, c'était bien petit. On a trouvé qu'on pouvait s'en passer.

Vous êtes peut-être curieux de savoir quels noms l'on a donné à ces nouvelles mesures. Je vais vous le dire.

Toujours pour n'humilier personne, on est allé chercher ces noms hors de la langue du peuple qui s'était mis en avant, et l'on a pris d'abord à celle qui avait déjà fourni le mètre ceux de ses mots qui signifiaient : dix, cent, mille, dix mille. On les a conservés tels quels, y touchant à peine, et plaçant *mètre* au bout, et l'on a eu :

Déca	mètre,	10 mètres.
Hecto	mètre,	100 mètres.
Kilo	mètre,	1.000 mètres.
Myria	mètre,	10.000 mètres.

Voilà pour les grandes mesures. Pour les petites, on ne pouvait plus se servir des mêmes mots, qui auraient fait confusion, et l'on est revenu au latin de Pinchinette, qui a donné aussi ses mots de dix, cent, mille. L'on a eu de la sorte :

Déci mètre, dixième de mètre.

Centi mètre, centième de mètre.
Milli mètre, millième de mètre.

Rappelez-vous, mes enfants, le mal que vous avez tous les jours avec ces florins de 60 *kreutzers*, dont chacun vaut 4 *pfennings*, comme vous avez pu le voir dans vos écritures; avec ces thalers de 30 *silber-groschen*, dont chacun vaut 12 *pfennings*; ces livres sterling de 20 *schillings*, dont chacun vaut 12 *pences*; ces pouds de 40 *livres*, dont chacune vaut 32 *loths*. Rappelez-vous tous ces nombres biscornus dont aucun ne ressemble à l'autre, et qui s'en vont boitant à la file comme les marches d'un escalier dont les unes auraient six pieds, et les autres six pouces; rappelle-toi, ma pauvre Pinchinette, tout ce tas de multiplications et de divisions que tu avais à faire tout à l'heure pour sortir du compte dont tu n'es pas sortie, et dites-moi, à vous trois, si ce n'est pas là quelque chose de bien préférable, allant régulièrement du commencement à la fin, sans qu'on ait rien à faire qu'à placer les chiffres les uns sous les autres, chacun à son rang!

— Dis donc, marraine, s'écria Partageur qui se laissait gagner à l'éloquente indignation de la bonne fée contre les nombres biscornus, dis donc, marraine, comme ce serait commode de faire une addition, si Pinchinette avait dit qu'il faudrait 60 unités pour faire une dizaine, 4 dizaines pour faire une centaine, 30 centaines pour faire un mille, et 12 mille pour faire une dizaine de mille!

Là-dessus les voilà partis tous d'un grand éclat de rire. Il n'y a rien qui fasse rire comme l'idée d'une absurdité dont on n'a pas l'habitude; et voyez comme les hommes sont drôlement faits : les absurdités dont ils ont l'habitude, ils se fâchent quand on en rit.

— Maintenant, chère marraine, dit Pinchinette quand le calme se fut un peu rétabli, dis-nous, je t'en prie, comment du mètre on est arrivé aux autres mesures. Je suis vraiment curieuse de savoir par quel moyen nous pourrions venir à bout de mesurer ou de peser nos pommes, en nous servant de cette 40 millionième partie du tour de la terre.

— Pour mesurer les pommes, prends un vase qui ait un décimètre de haut, un décimètre de long et un décimètre de large.

Regarde, voilà la longueur d'un décimètre.

Tu peux bien te figurer un vase yant cette taille-là en tous sens. On appelle cela un LITRE.

Un vase contenant dix litres s'appelle décalitre.

Un vase contenant cent litres s'appelle hectolitre, d'après la méthode employée pour le mètre.

De même, le dixième d'un litre s'appelle un décilitre, et le centième un centilitre.

Voilà à peu près les seules mesures de ce genre-là qu'on ait jugées nécessaires; de fait, elles peuvent suffire.

— Et pour peser les pommes?

— C'est la même chose. Prends un tout petit vase qui ait un centimètre de haut, un centimètre de long et un centimètre de large.

Tiens, je vais t'en montrer un.

Tu vois qu'il n'est pas gros. Remplis-le exactement d'eau bien pure. Le poids de cette eau s'appelle un GRAMME, et avec le gramme nous allons faire tous les autres poids :

Décagramme,	10 grammes.
Hectogramme,	100 grammes.
Kilogramme,	1.000 grammes.
Myriagramme,	10.000 grammes.

—

Décigramme,	dixième de gramme.
Centigramme,	centième de gramme.
Milligramme,	millième de gramme.

Trouves-tu que cela soit assez simple ?

— Mon Dieu ! c'est simple comme bonjour. Mais les monnaies ! ce n'est pas facile de tailler une pièce de monnaie dans la 40 millionième...

— Ne va pas si vite. Le gramme vient du mètre, n'est-ce pas ? C'est son fils. Eh bien ! la monnaie vient du gramme. C'est la petite-fille du mètre.

5 grammes d'argent font un FRANC.

Celui-là n'a pas tant de camarades. Il est seul et unique de son espèce, et se compte comme n'importe quoi : dix francs, cent francs, mille francs, et comme cela indéfiniment, tant que tu pourras en avoir.

Ses divisions ont pourtant reçu des noms; mais ils échappent à la règle générale d'après laquelle le dixième du franc aurait dû s'appeler *décifranc*, le centième *centifranc*. On dit : un décime, un centime.

Voyez-vous, mes enfants, on a beau faire des systèmes bien savants, il s'y glisse toujours des exceptions pour l'argent.

— Qu'est-ce que cela, marraine, un système? s'écria Ramasse-Tout que le mot avait effarouché.

— Un système! mon cher petit. J'ai bien

peur que tu ne comprennes pas tout de suite ; mais enfin, voilà ce que c'est : c'est un ensemble de choses qui servent toutes à un usage commun, et qui se rattachent toutes à un centre commun. Les diverses combinaisons, par exemple, que je viens de vous expliquer, servent toutes à un même usage, à mesurer, et se rattachent toutes au mètre, qui en est comme le point central. On a nommé leur ensemble :

SYSTÈME MÉTRIQUE.

Voilà, j'espère, un nom que vous n'oublierez plus maintenant.

Eh ! mon Dieu ! fit la fée en se reprenant vivement, qu'est-ce que je dis là ? Ces pauvres enfants, garder le système métrique dans leur mémoire ! C'est impossible, son moment n'est pas arrivé. Il faut, au contraire, que je souffle là-dessus pour qu'ils ne puissent en parler à personne. Je ne puis pas déranger pour eux l'ordre des temps.

— Oh! marraine, je t'en supplie, avant de souffler dessus, dis-moi du système métrique une chose qui m'intéresse on ne peut plus.

— Et laquelle, mademoiselle?

— Quand arrivera le moment du système métrique, ce sera une bien grande joie sur la terre, n'est-ce pas? Tous les peuples ne feront-ils pas des fêtes, et ne donneront-ils pas des récompenses à celui d'entre eux qui leur en aura fait cadeau, comme le roi d'ici voulait m'en donner à moi pour avoir fait cadeau de l'arithmétique à son peuple? Est-ce qu'ils ne jetteront pas tous bien loin leurs anciennes mesures pour prendre les nouvelles à l'instant même?

— Tu as trop d'esprit, ma pauvre Pinchinette, et tu es trop bonne pour bien connaître les hommes.

Comme première récompense du cadeau, les

voisins du peuple en question commenceront par essayer de l'exterminer, pour le punir et de cette réforme-là et de bien d'autres, plus importantes encore, dont nous n'avons pas à nous occuper.

Mais ce n'est rien encore auprès de ce qui me reste à t'apprendre. Soixante-dix ans passés après l'adoption du MÈTRE, en séance solennelle, des peuples qui se diront les premiers du monde ne voudront pas encore en entendre parler, et continueront de se traîner dans les malters, les pouds, les livres sterling et les silber-groschen.

Pinchinette se mit à pleurer.

— Ah! marraine, si cela doit aller ainsi, souffle bien vite, afin que je n'en sache plus rien.

La fée souffla sur elle, puis sur ses frères qu'elle congédia tout doucement, car c'était déjà l'heure où elle avait l'habitude de travailler avec Pinchinette dans le jardin.

— Allez, chers petits, leur dit-elle; pour satisfaire votre curiosité, je vous ai levé un coin du voile qui vous cache de bien belles choses; mais celles-ci ne sont pas encore de votre temps. Allez vendre vos pommes, et n'y pensez plus. Ces choses-là viendront à leur jour.

Partageur et Ramasse-Tout s'en retournèrent vendre leurs pommes. Ils devinrent de grands calculateurs que rien n'embarrassait, et qui ne s'embarrassaient aussi de rien, comme il arrive malheureusement quand on veut trop calculer. Ayant oublié les bonnes mesures, ils se consolèrent des mauvaises en gagnant beaucoup d'argent. Ils en gagnèrent tant qu'ils finirent, après bien des années, par se bâtir un beau palais où ils étaient bien moins à leur aise que dans la petite cabane qui les avait vus naître et grandir; et ils ne laissaient pas d'être assez fiers de ce palais, bien que ceux qui les avaient connus petits, du temps de l'âne et de la hotte, l'eussent surnommé le *palais des pommes*, pour se moquer d'eux. Pour dire vrai, ils y avaient mis des tableaux d'un grand prix qui n'en avaient aucun pour eux, parce qu'ils n'y entendaient rien, des meubles si beaux qu'ils n'osaient pas s'en servir, et une bibliothèque digne d'un prince, dont ils n'ouvraient jamais les livres. Mais tout cela ne les empêcha pas de mourir, comme ils auraient fait dans la petite cabane, un peu plus tôt peut-être, voilà tout; et on les eut à peine enterrés qu'il n'était plus question d'eux. Ils savaient pourtant bien l'arithmétique, à laquelle ils devaient leur fortune; mais ils avaient trop oublié que si l'arithmétique est une belle science, il y en a d'autres, et que, si c'est une bonne chose de gagner de l'argent, cela ne suffit pas dans la vie.

Quant à Pinchinette, je voudrais bien pouvoir vous dire qu'elle épousa le prince Oscar, quand ils eurent grandi tous les deux; mais je ne sau-

ILS FINIRENT PAR SE BATIR UN BEAU PALAIS. (P. 183.)

rais, car il n'en fut rien. Sa marraine se contenta de lui faire épouser un petit homme bien gentil, qui l'aimait de tout son cœur, qui gagnait honorablement sa vie, et qui la rendit la plus heureuse des femmes. Elle eut de jolis enfants qui lui donnèrent toute la satisfaction qu'une mère pouvait désirer, parce qu'elle leur avait appris de bonne heure à être courageux au travail, à se rendre compte de tout, et à penser aux autres en toute occasion. Les égoïstes ont beau dire, c'est encore là le meilleur des calculs, et ce qui a été fait pour les autres l'emporte toujours sur ce que l'on a fait pour soi.

C'est pour cela que notre système métrique finira forcément par avoir le dessus sur toutes les mesures qu'on voudrait conserver ailleurs; et ceux qui l'accepteront les derniers en seront bien honteux plus tard. Et dès à présent les entêtés qui s'obstinent devraient bien tous rougir d'avoir fait pleurer Pinchinette.

Nota : *Voir page* 107 *un Exposé du Système métrique.*

LE DÉPART DU GRAND-PAPA.

— Voilà, mes chers enfants, l'histoire de mes deux petits marchands de pommes et de leur bonne petite sœur Pinchinette. Qu'est-ce que vous en dites?

— Elle est quelquefois bien amusante, grand-papa; mais il y a des endroits où elle ne l'est pas beaucoup.

— C'est cela! Mettez à ces petits monstres-là de la confiture sur le pain qui doit les nourrir. pour le leur faire mieux manger, ils voudront lécher la confiture et laisser le pain. Eh bien! allez chercher ailleurs un autre grand-papa qui s'amuse à vous faire des histoires pour vous apprendre l'arithmétique : vous verrez si vous en trouverez beaucoup.

— Voyons, ne te fâche pas, cher petit grand-papa. Nous avons bien écouté tout le temps; mais nous n'avons pas pu toujours suivre. Tu comprends, là où il y avait des chiffres, ce n'était pas trop facile.

— Que l'on me dise cela, je veux bien. C'est que, voyez-vous, cette histoire-là n'est pas comme les autres. Ce n'est pas seulement une histoire pour s'amuser : c'est un cours d'arithmétique. Il ne faut pas lire dedans droit devant soi, comme dans un conte de fées. Cela doit s'étudier chapitre par chapitre, comme on étudie une leçon. Je vais vous laisser mon histoire : vous regarderez entre vous là où vous n'avez pas bien compris.

— Mais, si c'est un cours d'arithmétique, il me semble que tout n'y est pas. Le maître nous a dit bien plus de choses que ça; et dans les mesures du système métrique, je ne me rappelle pas bien, mais je suis tout à fait sûr qu'il y en a dont tu n'as pas parlé.

— C'est que je n'ai pas voulu non plus que mon histoire pût vous tenir lieu du maître et de son livre. Je sais bien que je n'ai pas tout dit. Il n'y avait plus moyen de faire une histoire si je n'avais rien passé; ou bien elle aurait été si longue qu'elle vous aurait tous endormis. Tâchez seulement de bien comprendre tout ce que j'ai dit, et vous verrez comme vous apprendrez facilement le reste, et comme vous pourrez répondre ensuite en personnes raisonnables, au lieu de barbouiller des mots en vrais petits perroquets. Là-dessus je vous laisse, car je commence à être comme Pinchinette à la fin de sa première leçon Je me sens tout fatigué.

— Écoute un peu avant de t'en aller. Ce n'est que le commencement de l'arithmétique que nous avons eu là. Il y a encore toutes sortes d'autres règles dans la seconde moitié du livre; est-ce que tu pourrais aussi nous faire une histoire où tu les mettrais?

— Vous êtes trop petits maintenant; vous n'en avez pas besoin, et cela vous fatiguerait pour rien. Si vous profitez bien de celle-ci, et que j'aie de bonnes nouvelles de vous, je ne dis pas que, l'année prochaine, je n'essayerai pas de vous raconter le reste dans une autre histoire. Adieu. Travaillez bien.

— Merci, grand-papa. Nous allons bien apprendre.

NOTE DE L'ÉDITEUR

POUR LA 31e ÉDITION

Dans l'esprit de leur auteur, les pages qui précèdent, si intéressantes et si ingénieuses dans leur simplicité, devaient avoir une suite qu'il promettait lui-même à ses jeunes auditeurs, comme on vient de le voir. Cependant l'ingéniosité des deux petits marchands de pommes et celle de leur sœur se sont arrêtées là.

Est-ce à dire qu'il n'y ait pas eu une suite à cette charmante entrée en matière ? Bien au contraire. Mais elle ne vint que plus tard, beaucoup plus tard même ; et cette suite, qui forme un tout, avait été destinée à être traduite pour les écoles de l'Amérique du Sud.

Le texte original ne fut point égaré, et il nous a semblé qu'il était impossible de présenter, avec plus de clarté, disons même de séduction, si le mot peut s'appliquer à une science exacte, les questions et les problèmes, souvent très ardus, d'une arithmétique complète.

Dès lors, il eût été regrettable qu'un pareil travail ne fût point connu et utilisé, car nul autre que ce grand vulgarisateur ne pouvait entreprendre plus fructueusement cette tâche, si difficile et si délicate.

Pour les écoles, quand il s'est agi d'aborder les problèmes les plus complexes et les questions les plus arides de l'arithmétique développés qui, en passant par le système métrique, vont jusqu'à l'extraction des racines carrée et cubique, et jusqu'à la mesure des angles et des distances, l'auteur avait renoncé à se servir des procédés employés par *Partageur* et *Ramasse-Tout*, avec le concours de leur sœur *Pinchinette*.

Malgré ou à cause de ce changement de méthode d'exposition, cela nous a paru si clair, si bien présenté, avec autant de charme que de savoir, un don de vulgarisation si parfait et une connaissance si réelle et si profonde des jeunes intelligences auxquelles s'adresse ici Jean Macé, que nous avons été convaincus que maîtres et élèves, parents et enfants nous sauraient gré de donner la plus grande partie de cette *Arithmétique élémentaire* comme suite et comme complément à l'*Arithmétique du grand-papa*.

Ce livre, ainsi présenté dans ses deux parties, est donc comme la conséquence du programme de l'auteur qui disait, avec une grande justesse d'expression : « J'ai tenu, étant moi-même un profane, à faire passer mon écolier par le chemin suivi par son maître, pour parvenir à comprendre. » On verra qu'il y a réussi.

NOTIONS COMPLÉMENTAIRES D'ARITHMÉTIQUE

DIVISION A UN SEUL TERME[1]

Il y a un cas de division très curieux, qu'on rejette d'habitude à la fin des livres d'arithmétique, et dont la vraie place est dans la division même et avant les proportions.

Nous avons dit que la division peut être considérée comme venant à la suite d'une multiplication dont on a le produit et l'un des facteurs, et dont il s'agit de retrouver l'autre facteur.

Quand les deux facteurs ne sont qu'un seul et même nombre, autrement dit, quand ce nombre a été multiplié par lui-même, exemple : $23 \times 23 = 529$, il est possible, n'ayant que le produit de la multiplication, soit 529, de retrouver le nombre qui a été son double facteur.

Pour bien comprendre la marche à suivre en pareil cas, il est bon d'assister d'abord à la formation de ce produit par la multiplication de ses deux facteurs, 23 et 23.

---

1. Le dividende, le diviseur et le quotient sont les trois termes de la division.

Le multiplicande, le multiplicateur et le produit sont les trois termes de la multiplication.

Deux de ces termes étant connus, l'opération consiste à trouver le troisième qui ne l'est pas.

La division et la multiplication ont toutes deux un quatrième terme, c'est l'unité qui a une place à elle dans leur seconde formule, comme vous l'avez vu, et qui sert à déterminer la proportion entre les trois autres. Elle ne joue aucun rôle dans l'opération, qui s'explique sans qu'il soit question d'elle.

Nous allons donc multiplier 23 par 3 unités d'abord, ensuite par 2 dizaines, et nous écrirons, l'un sous l'autre, les quatre produits partiels :

$$
\begin{array}{r}
3 \times 3 = 9 \\
20 \times 3 = 60 \\
\text{—} \\
3 \times 20 = 60 \\
20 \times 20 = 400 \\
\hline
\text{Total : } 529
\end{array}
$$

Il saute aux yeux que, sur ces 4 produits partiels, il y en a deux qui sont semblables, et qui devaient l'être forcément, puisqu'ils proviennent des deux mêmes facteurs multipliés deux fois l'un par l'autre : 20 × 3 et 3 × 20.

Nous pouvons les mettre ensemble, en raison de leur communauté d'origine, 20 multiplié deux fois par 3. Disons donc : 60 + 60 = 120.

529 se trouve ainsi composé des 3 nombres que voici, étagés par ordre de grandeur :

400 — dizaines × dizaines
120 — 2 fois dizaines × unités
9 — unités × unités.

529

Essayons de diviser maintenant :

Impossible de commencer sans le diviseur dont la place reste en blanc. Nous ne le connaissons pas; mais nous allons le connaître bientôt.

Dix multiplié par dix, cela fait cent.

Il y avait donc des dizaines à ce facteur inconnu, puisque 529 a des centaines, et le produit de la multiplication par lui-même du chiffre de ses dizaines doit se trouver nécessairement dans les centaines de 529.

Il y en a 5.

Quel est le plus grand nombre possible qui, multiplié par lui-même, donne un produit contenu dans 5 ?

Nous n'aurons pas à chercher longtemps. C'est 2, puisque $2 \times 2 = 4$, qui est contenu dans 5.

Nous tenons maintenant le chiffre des dizaines du diviseur, et nous allons pouvoir commencer la division de 529, ou, si vous aimez mieux, sa décomposition, en lui retirant d'abord le produit de la multiplication par lui-même du chiffre des dizaines du diviseur. Or, $20 \times 20 = 400$. Nous savons cela déjà.

529	2
400	
129	

Cherchons maintenant le chiffre des unités du diviseur. Il ne sera pas difficile à trouver.

Oublions la multiplication que nous venons de faire pour n'en retenir qu'une chose, commune à toute multiplication par lui-même d'un nombre quelconque de deux chiffres, à savoir qu'on multiplie d'abord ses dizaines par ses unités et ensuite ses unités par ses dizaines, ce qui revient à dire que le chiffre de ses dizaines est multiplié deux fois par celui de ses unités.

2 est ici le chiffre des dizaines, 2 fois 2 font 4. C'est donc comme si 4 avait été multiplié 1 fois par le chiffre inconnu des unités. Nous approchons.

Multipliez 4 pommes, 4 chevaux, 4 moutons par un nombre quelconque, le produit de la multiplication sera toujours un nombre de pommes, de chevaux, de moutons. Il ne peut pas en être autrement avec des dizaines. C'est donc dans les dizaines de ce qui nous reste de 529 qu'il faut aller chercher le produit du double des dizaines par les unités.

Il reste 129.

Combien avons-nous là de dizaines ? 12.

Combien de fois 4 est-il contenu dans 12 ? 12 : 4 = 3.

3 est donc le chiffre des unités du diviseur.

Nous faisons la soustraction des 12 dizaines de 129 ; il ne reste plus que 9, juste le produit de 3 multiplié par lui-même ; et voilà notre division achevée, notre diviseur trouvé, avec le quotient par-dessus le marché !

529	23
400	23
129	
120	
9	

On appelle cela *l'extraction de la racine carrée* parce qu'on donne le nom de *carré* au produit de la multiplication d'un nombre par lui-même, et le nom de *racine du carré*, ou *racine carrée* au nombre dont la multiplication par lui-même a produit le carré.

9 est le carré de 3, 400 le carré de 20, et 23 est la racine de 529, d'où nous venons de l'extraire.

SYSTÈME MÉTRIQUE

Il y avait en France, avant la Révolution de 1789, autant de poids et de mesures que de provinces, de villes quelquefois. De là un embarras universel, qui embrouillait tous les comptes et donnait prise à la fraude.

C'était une réforme à faire, réclamée depuis longtemps, que le respect des vieux usages et l'amour-propre local, sans parler des intérêts en jeu, avaient empêchée jusque-là d'aboutir, absolument comme aujourd'hui dans les pays encore rebelles au système métrique, qui s'obstinent à repousser un progrès auquel ils n'échapperont pas.

Les hommes de la Révolution française, résolus d'en finir avec un état de choses condamné par la raison, conçurent l'idée, aussi hardie que généreuse, d'établir un système de poids et mesures à l'usage, non seulement du peuple français, mais de tous les peuples, et une commission de savants fut nommée à cet effet.

Ne voyant rien de plus acceptable pour le genre humain tout entier que le globe même sur lequel il est dispersé, elle imagina d'aller lui demander le point de départ de son système de poids et mesures.

Je n'entreprendrai pas de vous expliquer comment, et à la suite de quels tâtonnements, les astronomes sont parvenus à mesurer le globe terrestre avec plus de précision qu'un marchand ne mesure une pièce d'étoffe : il faudra m'en croire sur parole. Or, la mesure de longueur, base fondamentale de tout le système de poids et mesures imaginé par les savants français, est la dix-millionième partie de la distance entre le pôle et l'équateur.

On lui donna le nom de MÈTRE, du mot grec, *metron*, qui signifie mesure, et de là le nom de système métrique.

L'échelle des mesures dans le système métrique a été établie sur le plan de la numération décimale.

Partant du mètre qui est l'unité première de longueur, on a fait :

En montant, des unités supérieures de dix mètres, cent mètres, mille mètres, dix mille mètres;

En descendant, des unités inférieures d'un dixième de mètre, d'un centième, d'un millième : il a été jugé inutile d'aller plus loin dans ses subdivisions.

Les noms des unités supérieures ont été empruntés au grec : *déka*, dix ; *hékaton*, cent ; *kilion*, mille ; *myria*, dix mille.

Les noms des unités inférieures ont été empruntés au latin : *decem*, dix ; *centum*, cent ; *mille*, mille.

Voici donc l'échelle complète des mesures de longueur, en commençant par le haut.

Myriamètre, dix mille mètres.
Kilomètre, mille mètres.
Hectomètre, cent mètres.
Décamètre, dix mètres.

MÈTRE.

Décimètre, dixième de mètre.
Centimètre, centième de mètre.
Millimètre, millième de mètre [1].

---

1. S'il y a lieu de pousser plus loin la division, on dit : un dixième de millimètre, un centième, un millième au besoin; mais il ne peut s'agir là que de mesures scientifiques, sans application dans les usages de la vie.

Ce sont là les multiples et les sous-multiples du mètre[1].

Nous retrouverons les mêmes noms, grecs et latins, employés aux mêmes places dans toutes les autres séries de mesures.

Le myriamètre, le kilomètre et l'hectomètre s'emploient seulement pour mesurer les distances. Quatre kilomètres font la *lieue métrique*.

Pour mesurer les surfaces, grandes ou petites, on les évalue par *carrés* ayant pour côté une des mesures énumérées ci-dessus, depuis le myriamètre jusqu'au millimètre, et contenus chacun 100 fois dans le carré d'ordre supérieur, dont le côté est dix fois plus grand. Ainsi le décamètre carré est contenu 100 fois dans l'hectomètre carré, et contient 100 fois le mètre carré. On peut, en effet, se le représenter comme une rangée de dix bandes juxtaposées, dont chacune serait de 10 mètres carrés accolés à la file : $10 \times 10 = 100$.

La superficie des terrains a pour unité de mesure l'*are* qui est un carré de 10 mètres de côté, autrement dit, un décamètre carré valant 100 mètres carrés.

Cent ares font un *hectare*, un carré de 100 mètres de côté, autrement dit un hectomètre carré, valant 1000 mètres carrés.

Le centième de l'are est le *centiare*, un carré de 1 mètre de côté, autrement dit un mètre carré.

L'are, l'hectare, son multiple, et le centiare, son sous-multiple, sont les seules mesures employées pour la superficie des terrains.

---

1. On donne le nom de *multiple* d'un nombre à celui qui le contient exactement un certain nombre de fois, et de *sous-multiple* à celui qui y est contenu exactement un certain nombre de fois. Le décamètre contient le mètre juste 10 fois : c'est un multiple du mètre. Le décimètre y est contenu juste 10 fois : C'est un sous-multiple du mètre.

Pour évaluer l'étendue des pays, on se sert du kilomètre carré et de la lieue carrée. La lieue carrée contenant 16 kilomètres carrés ($4 \times 4 = 16$) et le kilomètre carré contenant 100 hectares ou hectomètres carrés, il y a donc 1 600 hectares dans une lieue carrée.

Le volume des corps s'évalue par *cubes* ayant pour mesure de longueur, de largeur et de hauteur l'un des termes de l'échelle des mesures de longueur. C'est un volume ayant la forme d'un dé à jouer.

10 multiplié deux fois par lui-même, ou pris 3 fois comme facteur, donnant 1000, un cube métrique quelconque est donc contenu 1 000 fois dans le cube de l'ordre supérieur. Ainsi le décimètre cube est contenu 1 000 fois dans le mètre cube, et contient 1 000 fois le centimètre cube.

Le mètre cube prend le nom de *stère* quand il sert à la mesure du bois de chauffage. Le stère n'a qu'un seul multiple, le *décastère* — dix stères — et qu'un seul sous-multiple, le *décistère* — dixième de stère — qu'il ne faut pas confondre avec le décimètre cube. Celui-ci étant contenu 1 000 fois dans le stère, ou mètre cube, le décistère, qui est le dixième du stère, contient le dixième de 1 000 décimètres cubes, c'est-à-dire 100. L'on a donné le nom de *voie métrique* au double stère.

La contenance des vases a pour unité de mesure le *litre* qu'on peut définir : un vase quadrangulaire dans lequel viendrait s'emboîter exactement un décimètre cube.

Le litre a deux multiples :

le *décalitre* valant dix litres,
l'*hectolitre* valant cent litres,

et deux sous-multiples :

le *décilitre* ou dixième de litre,
le *centilitre* ou centième de litre.

Le litre, qui représente le volume d'un décimètre cube, contenant 1 000 centimètres cubes, le centilitre, qui est la centième partie du litre, en contient le centième de 1 000, ou 10.

C'est le centimètre cube qui a servi pour établir l'unité de poids, le *gramme*, lequel est le poids d'un centimètre cube d'eau distillée, à la température de 4 degrés centigrades au-dessus de 0. C'est un poids facile à vérifier dans tous les pays du monde, où il est toujours le même.

Les multiples du gramme sont :

le *décagramme* valant dix grammes,
l'*hectogramme* valant cent grammes,
le *kilogramme* valant mille grammes.

Ses sous-multiples sont :

le *décigramme* dixième de gramme,
le *centigramme* centième de gramme,
le *milligramme* millième de gramme.

Le kilogramme contenant 1 000 grammes, c'est-à-dire le poids de 1 000 centimètres cubes d'eau, il en résulte qu'un litre, ou un décimètre cube d'eau, dans les conditions énoncées ci-dessus, pèse exactement un kilogramme, et qu'un mètre cube d'eau, qui représente 1 000 litres, pèse 1 000 kilogrammes.

C'est ce dernier poids qui a reçu le nom de *tonne métrique* dans le commerce et l'industrie, et de *tonneau* dans la marine. Un vaisseau dont la coque plongeant dans l'eau jusqu'à sa ligne de flottaison déplace 1 000 mètres cubes d'eau, est un navire de 1 000 tonneaux [1].

---

1. L'évaluation n'est pas scientifiquement exacte parce que l'eau de mer est un peu plus lourde que l'eau distillée ; mais il y a en général compensation par une élévation de température au-dessus de 4 degrés.

100 kilogrammes font ce qu'on appelle un *quintal métrique* pour le distinguer de l'ancien quintal qui était de 100 livres. La livre actuelle vaut 500 grammes ou un demi-kilogramme.

Enfin, pour compléter le système, l'on a fait dériver du gramme l'unité monétaire qui est le *franc*, pièce d'argent du poids de 5 grammes[1].

Le franc n'a pas de multiples. Il se compte dans les conditions ordinaires de la numération décimale : dix francs, cent francs, mille francs, etc.

Il a deux sous-multiples :

le *décime* ou dixième de franc,
le *centime* ou centième de franc.

La monnaie d'or comprend des pièces de 10, 20, 50 et 100 francs, frappées à raison d'un kilogramme d'or, au titre de 0,900 pour une somme de 3 100 francs, en n'importe quelles pièces.

Le kilogramme d'argent monnayé valant 200 francs — 1 000 : 5 = 200 — la valeur de la monnaie d'or est à celle de la monnaie d'argent dans la proportion de 3 100 à 200, c'est-à-dire qu'elle est 15 fois et demie plus grande.

---

l'eau devenant plus légère à mesure qu'elle se chauffe. La différence qui peut exister n'a pas assez d'importance dans la pratique pour qu'on ait renoncé à un moyen si commode d'évaluer le poids d'une masse qui ne tiendrait dans aucune balance.

1. Le titre légal de la monnaie d'argent est de 0,900, c'est-à-dire que l'alliage dont elle est faite ne contient qu'un dixième de cuivre. Ce titre légal n'est obligatoire, bien entendu, que dans les pays qui ont adopté la monnaie métrique. Il ne s'applique qu'à la pièce de 5 francs. Le titre est de 0,835 pour les pièces de moindre valeur, ce que l'on appelle la monnaie divisionnaire. Une convention internationale a réglé sur le chiffre de l'émission monétaire de chaque pays la quantité de monnaie divisionnaire qu'il est permis d'y frapper.

La monnaie d'argent comprend des pièces de 5, 2 et 1 francs, de 50 et 20 centimes, dont chacune peut servir de poids dans une balance, à raison de 5 grammes pour une valeur de 1 franc. La pièce de 20 centimes, cinquième partie de cette valeur, pèse donc 1 gramme. 100 francs pesant 500 grammes représentent juste une livre ou un demi-kilogramme.

Le poids de la monnaie de bronze, alliage de cuivre, d'étain et de zinc, est de 1 gramme par centime. Il y a des pièces de 10, 5, 2 et 1 centimes, dont chacune pèse, en conséquence, autant de grammes qu'elle représente de centimes. Ainsi le poids est le même pour une pièce de 2 francs pesant 10 grammes et une pièce de 10 centimes; 10 francs en sous, pour nous servir du vieux nom conservé par l'usage à la monnaie de bronze, et 200 francs en argent, ont juste le même poids de 1 kilogramme, sauf le déchet possible produit à la longue par le frottement.

Tout se tient, comme vous le voyez, d'un bout à l'autre du système métrique. Le franc dérivant du gramme, et celui-ci d'une subdivision du mètre, l'on peut remonter régulièrement de la valeur monétaire au poids, du poids volume et du volume à l'unité de longueur. C'est une série complète de mesures déduites méthodiquement les unes des autres, chacune avec son nom raisonné, taillé sur un modèle commun ; mesures qui offrent, par-dessus tout, cet avantage inappréciable d'être en harmonie parfaite avec la numération décimale, base uniforme de tous les calculs de l'arithmétique.

A cause de cela, le système métrique s'est imposé déjà aux savants de tous les pays, dans leurs communications entre eux. A cause de cela aussi, il deviendra forcément d'un usage universel, ayant été conçu et exécuté précisément à cette intention.

LES PROPORTIONS

Rappelez-vous ce que nous venons de dire à propos de la division à un seul terme, qu'il y avait quatre termes en présence, trois connus : le dividende, le diviseur, avec l'unité dont on ne parle pas, et un inconnu : le quotient, qu'il s'agit de trouver.

J'ajoutais qu'il y a un rapport de proportion entre ces quatre termes, le quotient devant être au dividende ce que l'unité est au diviseur.

C'est la même chose pour la multiplication dans laquelle aussi quatre termes sont en présence, trois connus : un multiplicande, un multiplicateur, et l'unité; un inconnu, le produit, qui doit être au multiplicande ce que le multiplicateur est à l'unité.

C'est là ce qu'on appelle une *Proportion*.

Soit cette division, 832 : 8 = 104
et cette multiplication, 832 × 8 = 6.656

Voici comment l'on disposera les quatre termes, pour les mettre en proportion :

104 : 832 :: 1 : 8
6.656 : 832 :: 8 : 1

Chaque couple de nombres, 104 et 832, 1 et 8, s'appelle un *rapport*. On sépare les deux rapports par quatre points, disposés en carré ::

Les deux premiers termes de chaque rapport, 104 et 1, s'appellent *antécédents;* les deux seconds, 832 et 8, s'appellent *conséquents :* ces deux mots viennent du latin et signifient, le premier : *marcher devant;* le second : *venir à la suite*. On sépare les deux antécédents de leurs conséquents par le signe de la division :

Enfin, les deux termes placés à chaque bout de la proportion, 104 et 8, 6.656 et 1 s'appellent les *extrêmes;* les deux du milieu, 832 et 1, 832 et 8, s'appellent les *moyens*.

On définit la proportion *l'égalité de deux rapports* parce que la proportion est égale entre les deux termes de chaque rapport. 104 est contenu 8 fois dans 832, et 1 est contenu 8 fois dans 8; 6,656 contient 8 fois 832 et 8 contient 8 fois 1.

C'est ce qu'expriment très nettement les deux formules que vous connaissez :

Un quotient qui est au dividende ce que l'unité est au diviseur;

Un produit qui est au multiplicande ce que le multiplicateur est à l'unité.

On distingue deux espèces de proportions :

1° La *proportion par quotient*, celle que nous venons de voir, ainsi appelée parce que la division des deux termes semblables de chaque rapport par le terme qui lui fait face est toujours égale, que ce soit la division des conséquents par les antécédents, comme dans notre premier cas :

$$832 : 104 = 8$$
$$8 : 1 = 8$$

ou la division des antécédents par les conséquents, comme dans le second :

$$6.656 : 832 = 8$$
$$8 : 1 = 8$$

2° La *proportion par différence*, ainsi appelée parce que la soustraction de deux termes semblables, retranchés dans chaque rapport du terme qui lui fait face, donne toujours le même reste, ou la même différence.

Exemple : 7.5 : 14.12 (*)

Retranchons les deux conséquents de leurs antécédents, nous aurons :

$$7 - 5 = 2$$
$$14 - 12 = 2$$

La propriété capitale des proportions, c'est que la multiplication, l'un par l'autre, des deux extrêmes et des deux moyens dans la proportion par quotient, leur addition, l'un avec l'autre, dans la proportion par différence, donnent toujours, soit le même produit, soit la même somme.

Exemple :

$$104 : 832 :: 1 : 8 — 7.5 : 14.12$$

$$104 \times 8 = 832 — 7 + 12 = 19$$
$$832 \times 1 = 832 — 5 + 14 = 19$$

L'on peut changer à volonté l'ordre des termes : le résultat sera toujours le même, pourvu que l'on maintienne l'égalité de proportion dans chaque rapport.

(*) Dans la proportion par différence, on met seulement, pour la distinguer de l'autre : un point entre les termes de chaque rapport, et deux points entre chaque rapport.

Disposons ainsi les termes de nos deux proportions :

1 : 8 :: 104 : 832   5 . 7 : 12 . 14
832 : 104 :: 8 : 1   14 . 12 : 7 . 5

Le résultat sera toujours celui que nous venons d'obtenir, par la raison bien simple que ce seront toujours les mêmes termes multipliés l'un par l'autre, additionnés l'un avec l'autre.

Ajoutons que l'égalité de proportion, et par conséquent l'égalité de jeu entre les extrêmes et les moyens subsistera toujours si l'on multiplie ou divise les termes semblables par un même nombre dans une proportion par quotient; si l'on y ajoute ou l'on en retranche le même nombre dans une proportion par différence.

Soit : 104 : 832 :: 1 : 8

Multipliez les deux conséquents par 2; divisez par 2, vous aurez :

1° 104 : 1.664 :: 1 : 16
2° 104 : 416 :: 1 : 4

Il vous sera facile de vous assurer que le produit des extrêmes demeure égal à celui des moyens.

De même pour leur total, si nous ajoutons 4 aux deux antécédents de notre proportion par différence, ou si nous le retranchons :

7 . 5 : 14 . 12

nous aurons :

1° 11 . 5 : 18 . 12
2° 3 . 5 : 10 . 12

L'égalité des totaux se maintient dans les deux proportions. C'est 23 pour la première, 15 pour la seconde, juste la différence de 4, en plus ou en moins, de ces deux nombres sur 19.

Il va sans dire que cette égalité subsisterait si l'on opérait sur les 4 termes à la fois, soit avec le même nombre pour tous, soit avec des nombres différents pour chaque couple. C'est une conséquence forcée de ce qui vient d'être dit. Essayez-en.

Donc, on peut indifféremment changer l'ordre des termes d'une proportion, les multiplier, les diviser, y ajouter, en retrancher : ses extrêmes et ses moyens continueront de se balancer, tant que l'opération sera la même pour les termes semblables.

LA RÈGLE DE TROIS

I

Ce qui a reçu le nom de *règle de trois* n'est pas, à proprement parler, une règle. C'est l'application pratique des propriétés de la proportion, et, en particulier, de sa propriété capitale : le produit des extrêmes dans la proportion par quotient, leur total dans la proportion par différence sont égaux au produit ou au total des moyens.

Le nom de règle de trois a été donné à l'opération qui le porte parce qu'elle consiste : étant donnés trois termes connus d'une proportion, à trouver le quatrième, qui ne l'est pas.

Le nombre inconnu est représenté par un x quand on pose les quatre termes de la proportion sur laquelle on opère dans la règle de trois.

$$x : 832 :: 1 : 8$$
$$x : 832 :: 8 : 1$$

Reconnaissez-vous ces deux proportions ? Ce sont celles qui nous ont servi à mettre en proportion les quatre termes des deux formules de la division et de la multiplication, qui ne sont pas autre chose, en fin de compte, que des règles de trois.

Là aussi, on connaît trois termes, l'unité comprise, et l'on va à la recherche du quatrième, quotient ou produit, les deux x que vous avez sous les yeux.

Le produit d'une multiplication étant connu, et l'un de ses facteurs, comment fait-on pour avoir le facteur inconnu ?

On divise par le facteur connu le produit de la multiplication, devenu le dividende d'une division, et le quotient que l'on obtient est le facteur qu'on cherchait.

Opérons sur la formule de la division, mise en proportion :

$$832 \times 1 = 832$$
$$832 \ : \ 8 = 104$$

Nous avons multiplié les deux moyens l'un par l'autre. Le multiplicateur étant l'unité, le multiplicande 832 n'a pas changé de valeur; en le divisant par 8, l'extrême connu, nous avons eu pour quotient 104, l'extrême inconnu.

C'est juste ce que nous aurions fait dans la division de 832 par 8.

Opérons maintenant sur la formule de la multiplication :

$$832 \times 8 = 6.656$$
$$6.656 \ : \ 1 = 6.656$$

Ici encore nous avons fait purement et simplement une multiplication à laquelle il n'y a rien eu à changer, la division par 1, l'extrême connu, ayant laissé le produit tel qu'il était avant la division.

Vous avez là deux exemples frappants de l'égalité des produits dans la multiplication l'un par l'autre des deux extrêmes et des deux moyens; mais il est rare que l'unité soit un des quatre termes de la proportion; je vais vous donner un autre exemple.

Modifions ainsi nos deux proportions.

$$x : 832 :: 4 : 8$$
$$x : 832 :: 8 : 4$$

Qu'aurons-nous, l'opération faite ?

$$416 : 832 :: 4 : 8$$
$$1.664 : 832 :: 8 : 4$$

Les rapports sont changés ; mais ils demeurent en proportion.

4 est contenu deux fois dans 8, et 416 est contenu 2 fois dans 832.

8 contient 2 fois 4, et 1,664 contient 2 fois 832.

D'où il résulte, pour nous en tenir au dernier cas, que

$$1.664 = 832 \times 2$$

et

$$8 = 4 \times 2$$

Par conséquent, la multiplication des extrêmes équivaut à celle-ci :

$$832 \times 2 \times 4$$

et la multiplication des moyens à celle-ci :

$$832 \times 4 \times 2$$

Il n'y a pas de différence possible entre les deux produits ; et il en sera de même pour toute proportion dont les termes auront été bien posés.

II

On distingue deux espèces de règles de trois :

1° La règle de trois simple, dans laquelle les quatre termes de la proportion sont donnés par l'énoncé du problème.

Exemple :

4 hommes ont fait un ouvrage en 6 jours : combien de jours faudra-t-il à 3 hommes pour faire le même ouvrage ?

2° La règle de trois composée, dans laquelle l'opération se complique d'un calcul à faire pour dégager les termes de la proportion des données du problème.

8 hommes travaillant 9 heures par jour, ont fait un ouvrage en 6 jours : combien faudra-t-il de jours à 3 hommes travaillant 12 heures par jour, pour faire le même ouvrage?

Exemple :

Simple ou composée, la règle de trois ne présente jamais qu'une seule et même difficulté, la mise en place des quatre termes, soit tout donnés, soit trouvés, quand il a fallu les chercher. L'opération va d'elle-même ensuite.

Commençons par le premier problème, celui de la proportion simple.

Nous quittons maintenant les nombres abstraits, pour entrer dans les nombres concrets : il y faudra faire une plus grande dépense de raisonnement ; 8 et 6 peuvent toujours être mis en présence ; mais 8 hommes et 6 jours ne peuvent pas se comparer entre eux. La première chose à faire est donc de grouper ensemble dans chaque rapport les valeurs de même nature, les hommes avec les hommes, les jours avec les jours.

Ici, quel est le terme inconnu? C'est un nombre de jours.

Plaçons l'x en tête de la proportion. C'est la meilleure marche à suivre pour entamer le raisonnement.

Naturellement, nous allons mettre 6, le nombre de jours connu, en présence de l'x, le nombre de jours inconnu, et nous aurons d'abord

$$x : 6$$

Maintenant, x doit-il être plus grand, ou plus petit que 6?

Plus grand évidemment, puisqu'il faudra plus de jours à 3 hommes pour faire l'ouvrage que 4 hommes ont fait en 6 jours.

Nous placerons donc 4, le nombre le plus fort des deux qui nous restent, en tête aussi du second rapport, et nous aurons :

$$x : 6 :: 4 : 3$$

Il ne nous reste plus qu'à faire l'opération qui nous donnera :

$$6 \times 4 = 24$$
$$24 : 3 = 8$$

Les 3 hommes auront donc à travailler 8 jours, et la preuve que le calcul est juste, c'est qu'il avait fallu 24 journées de travail pour faire l'ouvrage, et que 3 hommes travaillant chacun 8 jours, fourniront juste ces 24 journées, puisque :

$$3 \times 8 = 24$$

Le second problème, celui de la proportion composée, demande un raisonnement plus compliqué.

Ici ce ne sont plus des hommes en opposition avec les jours, ce sont des heures de travail, le nombre d'heures que chaque équipe d'ouvriers peut faire en un jour. Ces deux nombres, il faut d'abord les trouver avant de les mettre en proportion :

$$8 \times 9 = 72$$
$$3 \times 12 = 36$$

La première équipe fournit 72 heures de travail par jour, la seconde 36.

Le nombre de jours de travail qu'exigera de celle-ci le travail à faire sera donc supérieur à 6. Il devra être vis-à-vis de 6 dans la même proportion que 72 vis-à-vis de 36.

72 est donc son terme correspondant, et voilà nos 4 termes en place :

$$x : 6 :: 72 : 36$$

Faisons maintenant l'opération :

$$6 \times 72 = 432$$
$$432 : 36 = 12$$

Les 3 ouvriers auront donc à travailler 12 jours et c'est un résultat auquel on pouvait bien s'attendre, 36 étant la moitié de 72, l'équipe donnant 2 fois moins d'heures de travail par jour devrait travailler 2 fois plus de jours. Aussi bien 12 est-il le double de 6, et $12 \times 36 = 432$. Le moyen qu'il en soit autrement, puisque 12 est le quotient de la division de 432 par 36.

Dans les deux cas qui précèdent le nombre de jours de travail augmente à mesure que le nombre d'hommes ou d'heures de travail diminue. Il diminuerait au contraire à mesure que le nombre d'hommes ou d'heures augmenterait.

Cherchons, par exemple, ce qu'il faudrait de jours à 40 hommes pour un travail fait par 20 hommes en 10 jours.

Après avoir établi le premier rapport $x.10$, il est clair qu'il faudrait, cette fois, mettre le plus petit des deux nombres restants en tête du second rapport

$$x : 10 :: 20 : 40$$

et l'x se trouverait remplacé par 5 ou 2 fois moins de jours, ce qui allait de soi puisqu'il y a 2 fois plus d'hommes.

Il se présente d'autres cas où les deux valeurs augmentent et diminuent ensemble.

Exemple : que coûteront 36 mètres d'étoffe, 9 mètres ayant coûté 54 francs ?

x : 54 devra évidemment se compléter ainsi :: 36 : 9.

Et cet autre problème :

20 journées de travail ayant coûté 900 francs, que coûteront 15 journées,

Se résoudra, sans doute possible, par une proportion établie ainsi :

$$x \cdot 900 :: 15 : 20$$

La règle de trois est dite *directe* dans ces deux cas, *inverse* dans les deux autres.

Les valeurs en présence sont dites alors directement ou inversement proportionnelles, l'une suivant le même chemin que l'autre ou allant en sens inverse.

Qu'elle soit simple ou composée, directe ou inverse, les conditions de la règle de trois restent les mêmes. C'est toujours en vertu d'un procédé analogue qu'on parvient à mettre les termes de la proportion correctement en place :

Grouper dans chaque rapport les valeurs de même nature, et placer en tête du second rapport le plus fort ou le plus faible de ses deux termes, selon que l'antécédent du premier rapport doit se trouver plus fort ou plus faible que son conséquent.

Le bon sens seul peut en décider. C'est une question de raisonnement sur laquelle il n'y a pas de règle à donner.

J'ajouterai le conseil de prendre toujours l'x pour premier antécédent, parce que cela donne au classement une marche méthodique, un point de départ déterminé d'avance. Mais il demeure entendu que l'ordre et la marche de ce classement importent peu, pourvu que la proportion, soit directe, soit inverse, se maintienne égale dans chaque rapport.

LA MÉTHODE DE L'UNITÉ

L'emploi de la proportion a cet avantage qu'il force à raisonner et qu'il permet d'embrasser d'un coup d'œil les données du calcul.

Il faut pourtant que je vous fasse connaître une méthode ingénieuse, imaginée pour résoudre les problèmes de la règle de trois, sans les mettre en proportion, méthode plus commode, surtout dans les cas de règle de trois composée, parce que le procédé a quelque chose de mécanique qui n'exige qu'une dépense moindre de raisonnement.

Voici comment on procéderait avec cette méthode pour résoudre le problème de règle de trois composée mis en proportion dans le chapitre précédent :

8 hommes, travaillant 9 heures par jour, ont fait un ouvrage en 6 jours, combien faudra-t-il de jours à 3 hommes, travaillant 12 heures par jour, pour faire le même ouvrage?

Prenant dans son ensemble la quantité d'ouvrage fait par 8 hommes, à raison de 9 heures par jour en 6 jours, on se dit :

Un seul homme en aurait fait 8 fois moins ou $\frac{1}{8}$; travaillant une seule heure par jour, il en aurait fait 9 fois moins ou $\frac{1}{9}$; travaillant un seul jour, il en aurait fait 6 fois moins ou $\frac{1}{6}$.

On multiplie ces trois nombres l'un par l'autre, et l'on obtient $\frac{1}{432}$, c'est-à-dire un 432e de l'ouvrage, ce qu'un homme aurait fait en travaillant une heure, un seul jour.

Reprenant alors ce 432e d'ouvrage, on se dit :

3 hommes travaillant une heure en auraient fait 3 fois plus ou $\frac{3}{432}$; travaillant 12 heures, ils en auraient fait 12 fois plus ou $\frac{12}{432}$.

Multipliant 3 par 12, on obtient $\frac{36}{432}$, ou l'ouvrage fait par 3 hommes en un jour.

Pour avoir le nombre de jours que leur demandera l'ouvrage entier, on divise 432 par 36, et l'on obtient 12, le nombre de jours que nous avions obtenu tout à l'heure en faisant la même division.

Pour abréger l'opération, on aligne les nombres à mesure, de façon à en faire une fraction dont 36 sera le numérateur et 432 le dénominateur :

$$\frac{3 \times 12}{8 \times 9 \times 6} = \frac{36}{432}$$

et l'on divise le dénominateur par le numérateur pour savoir combien de fois celui-ci est dans l'unité, à savoir dans $\frac{432}{432}$ représentant l'ouvrage entier fait en 432 heures.

$$432 : 36 = 12.$$

Ce procédé permet une simplification du calcul qui nous a donné 36 et 432. Elle découle du principe dont je vous ai parlé, qu'une fraction ne change pas de valeur quand on divise ses deux termes par un même nombre.

Reprenons : $\frac{3 \times 12}{8 \times 9 \times 6}$.

Si l'on divise 3 et 9 par 3, 3 disparaît, et 9 devient 3. Si l'on divise 6 et 12 par 6, 6 disparaît et 12 devient 2.

L'on se trouve alors en présence d'une fraction nouvelle, bien plus simple que l'autre et ayant la même valeur :

$$\frac{2}{8 \times 3} = \frac{2}{24}$$

divisez 24 par 2, qu'obtenez-vous ? 12, toujours 12.

Tout cela se fait du premier coup, quand on en a pris l'habitude. On va plus vite et l'on a moins à réfléchir.

C'est la raison pour laquelle nous conserverons l'emploi de la proportion dans les chapitres qui vont suivre, lesquels seront consacrés aux applications diverses de la règle de trois. Il est bon aussi de prendre l'habitude de réfléchir sur ce que l'on fait.

Vous allez maintenant comprendre sans peine d'où vient ce nom de *Méthode de l'Unité*.

Étant donné un produit quelconque — ici, c'est un ouvrage, — dont tous les facteurs sont connus — ici, ce sont 8 hommes, 9 heures, 6 jours — et qu'il s'agit de reproduire avec d'autres facteurs dont un demeure inconnu, — ici 3 hommes et 12 heures sont les facteurs connus — on cherche la part qui revient dans ce produit à :

1 homme,
1 heure,
1 jour,

et on la multiplie par 3 hommes et 12 heures.

La division du produit complet 432 par le produit incomplet 36 donne le facteur qui demeurait inconnu, 12 jours.

L'on n'a pas besoin de déterminer d'avance les nombres que l'on aurait eu à poser en proportion; mais on arrive forcément à l'opération finale de la proportion, diviser 432 par 36.

RÈGLE D'INTÉRÊT

I

La *règle d'intérêt* est de toutes les applications de la règle de trois, celle dont l'usage est le plus fréquent. C'est par elle que nous allons commencer.

On appelle *intérêt* de l'argent, le revenu que donne une somme placée pour un certain temps.

La somme placée s'appelle *capital*.

L'intérêt annuel d'une somme de 100 francs s'appelle *taux*.

L'intérêt d'une somme de 1.000 francs, placée au taux de 5 francs pour 100 francs, sera par conséquent de 50 francs (1).

Les quatre termes de la proportion sont donc ici bien nettement déterminés : l'intérêt, le capital, le taux et 100. Nous nous retrouvons dans le cas de la multiplication et de la division : des quatre termes, il y en a un qui est toujours connu, c'est 100 ; les trois autres peuvent devenir l'x à tour de rôle, comme dans les cas que voici :

1° Quel intérêt rapportent 1,000 francs placés à 5 0/0 ? — il demeure entendu qu'il s'agit toujours de l'intérêt annuel ;

2° Quel est le capital qui, placé à 5 0/0, rapporte 50 francs ?

---

(1) Le « pour cent » s'écrit ainsi 0/0. On écrit 5 0/0, 4 0/0, 3 0/0, etc.

3° A quel taux ont été placés 1.000 francs ayant rapporté 50 francs d'intérêt?

Lesquels cas donneraient lieu aux proportions suivantes :

1° x : 1.000 :: 5 : 100 d'où x = 50
2° x : 50 :: 100 : 5 d'où x = 1.000
3° x : 100 :: 50 : 1.000 d'où x = 5

On pourrait disposer les termes autrement; mais il est préférable de procéder méthodiquement, et, considérant que 100 est le capital dont le taux est l'intérêt, de mettre toujours en présence dans le même rapport le taux et 100, et dans l'autre l'intérêt et le capital, le premier correspondant toujours au taux, le second à 100.

Dans le premier cas, x, l'intérêt, est au capital comme 5 est à 100: 50 est contenu dans 1,000 autant de fois que 5 l'est dans 100.

Dans le second cas, x, le capital, est à l'intérêt comme 100 est à 5: 1.000 contient 50 autant de fois que 100 contient 5.

Dans le troisième cas, x, le taux, est à 100 comme l'intérêt est au capital : 5 est contenu dans 100 autant de fois que 50 l'est dans 1.000.

C'est toujours la même proportion qui revient.

Tous les problèmes possibles d'intérêt annuel rentrent forcément dans l'un ou l'autre de ces trois cas ; et vous voyez combien ils sont faciles à résoudre, en suivant la marche indiquée par la mise en proportion des quatre termes connus et inconnus :

1° Pour trouver l'intérêt : multiplier le capital par le taux, et diviser par 100.

Exemple : Intérêt de 655 à 4 0/0 :

$$\frac{655 \times 4}{100} = 26,20.$$

On divise le produit par 100 d'un trait de plume en plaçant la virgule devant les deux derniers chiffres = 26,20.

2° Pour trouver le capital : multiplier l'intérêt par 100, et diviser par le taux.

Exemple : Capital ayant donné 50 francs à 4 0/0 :

5.000 : 4 = 1.250.

On multiplie 50 par 100, en lui ajoutant deux zéros = 5.000.

3° Pour trouver le taux : multiplier l'intérêt par 100 et diviser par le capital.

Exemple : Taux de 3.200 ayant rapporté 128 francs.

128 × 100 = 12,800
12.800 : 3.200 = 4.

Trois cas peuvent se présenter où la recherche de l'intérêt se complique d'un autre calcul :

1° Chercher l'intérêt d'une somme pendant un certain nombre d'années.

La solution du problème est des plus simples. L'intérêt annuel une fois obtenu, on le multiplie par le nombre d'années.

Exemple : Intérêt de 1.000 francs à 5 0/0, pendant 4 ans :

50 × 4 = 200.

2° Chercher l'intérêt d'une somme pendant un certain nombre de mois.

La solution est bien simple aussi. On multiplie l'intérêt par le nombre de mois, comme s'il s'agissait d'autant d'années, et comme le produit obtenu de la sorte se trouve être 12 fois trop grand, on le divise par 12.

Exemple : Intérêt de 1.000 francs à 5 0/0 pendant 8 mois.

$$50 \times 8 = 400$$
$$400 : 12 = 33{,}33$$

3° Chercher l'intérêt d'une somme pendant un certain nombre de jours.

Même raisonnement. On multiplie l'intérêt par le nombre de jours ; or, en vertu d'une convention universellement acceptée, l'année est considérée, pour simplifier le calcul, comme se composant de 360 jours. On divise, en conséquence, par 360.

Exemple : Intérêt de 1.000 francs à 5 0/0 pendant 75 jours :

$$50 \times 75 = 3.750,$$
3.750 : 360 = 10,40 et 3 millimes (1).

S'il y avait à chercher l'intérêt de 1.000 francs à 5 0/0 pendant un certain nombre de mois et de jours, il faudrait convertir les mois en jours, les mois étant considérés, en vertu de la convention énoncée plus haut, comme composés tous uniformément de 30 jours (360 : 12 = 30).

Exemple : Intérêt de 1.000 francs à 5 0/0 pendant 4 mois et 5 jours :

$$50 \times 125 = 6.250$$
$$6.250 : 360 = 14.50$$

De même, si l'on avait à chercher l'intérêt de 1.000 francs pendant 2 ans et 3 mois, ou 2 ans, 3 mois et 25 jours. Il

(1) Le millime est la dixième partie d'un centime. Il n'y aurait à en tenir compte que si le quotient était multiplié ensuite un très grand nombre de fois. En effet, 1.000 millimes font 1 franc, et 1.000 fois 3 millimes font 3 francs, qui ont droit de figurer dans un calcul.

faudrait convertir, dans le premier cas, les années en mois; dans le second, les années et les mois en jours, et opérer en conséquence.

1er cas. $50 \times 27 = 1.350$
$1.350 : 12 = 112,50$

2e cas. $50 \times 835 = 41.750$
$41.750 : 360 = 115.95$

L'intérêt s'appelle *composé* quand il s'accumule pendant plusieurs années, en s'ajoutant chaque année au capital qui va toujours grossissant, et l'intérêt avec lui.

Soit à chercher, étant donnée une somme de 6.485 francs placée à intérêt composé de 5 0/0 pendant six ans, ce qu'elle sera devenue à la fin de la sixième année.

Le procédé élémentaire consisterait en ceci :

Chercher d'abord l'intérêt de la somme à la fin de la première année; ajouter cet intérêt au capital; chercher pour la seconde année l'intérêt du capital ainsi grossi; l'ajouter de nouveau et continuer ainsi jusqu'à la fin de la sixième année.

Il y a un procédé plus expéditif qui consiste à rechercher d'abord, une fois pour toutes, ce que devient au bout d'un certain nombre d'années une somme de 100 francs placée à intérêt composé de 6, 5, 4, 3 0/0, etc. pour parer à tous les cas possibles de taux habituels.

Établissez vous-même le commencement de la liste pour le taux de 5 0/0, en forçant d'un centime dans votre calcul quand le chiffre d'un millime dépassera 5, et négligeant ce chiffre quand il ne dépassera pas 5.

Vous trouverez :

Pour la 1re année, 105
— 2e — 110,25
— 3e — 115,70

Pour la 4e année, 121,55
— 5e — 127,62
— 6e — 134, etc., etc. (1).

N'allons pas plus loin : ceci nous suffit.

Vous comprenez que des listes semblables établies pour les taux habituels, il devient facile de résoudre tous les problèmes d'intérêt composé en posant une proportion dont les quatre termes seront :

1° x, le capital cherché;

2° le capital primitif;

3° ce que deviennent 100 francs dans le nombre d'années indiqué;

4° 100.

Les quatre termes de la proportion seraient ici :

$$x : 6.485 :: 134 : 100, \text{ d'où } x = 8.689,90$$

Le capital cherché étant au capital primitif, après six années, ce que 134 est à 100, après ce même nombre d'années, il doit évidemment contenir 134 autant de fois que 6.485 contient de fois 100.

Or, 6.485 : 100 = 64,85, lequel nombre multiplié par 134 donne bien 8.689.

Le même raisonnement est applicable à tous les cas du même genre.

---

(1) Si l'on poussait le calcul jusqu'à la fin de la quatorzième année, on trouverait 199,40, ce qui montre qu'un capital placé à 5 0/0 d'intérêt composé se trouve doublé, à très peu de chose près, au bout de quatorze ans.

II

Les procédés de la règle d'intérêt trouvent leur application toutes les fois qu'il s'agit de chercher le tant pour cent d'une somme ou de comparer l'avantage respectif de deux valeurs de placement. Il suffira d'en citer quelques exemples pour lesquels la solution se trouve donnée déjà dans ce qui vient d'être dit.

Parlons d'abord de ce qui s'appelle l'*escompte* dans le commerce.

Il y a deux espèces d'escompte : l'un fixe, l'autre variable.

Soit, comme exemple d'escompte fixe, une pièce de vin de 400 francs, vendue avec escompte de 3 0/0.

Il n'est plus nécessaire de vous poser ici la proportion. Vous connaissez déjà la marche à suivre.

$$400 \times 3 = 1.200$$
$$1.200 : 100 = 12.$$

L'acheteur n'aura à payer que 400 — 12 = 388.

Il en sera de même pour le 8 0/0 qu'un négociant voudra gagner sur le chiffre annuel de ses affaires; pour le 5 0/0 d'honoraires réclamé par un architecte sur le montant des dépenses de la construction à laquelle il a présidé.

Multiplier les sommes par 8 et par 5, et diviser par 100 : je n'ai plus à vous l'apprendre.

L'escompte variable est la retenue faite par un banquier sur le montant d'un billet payable dans un certain temps, dont il avance l'argent au détenteur du billet. Cette retenue varie nécessairement avec la date de l'échéance.

Soit l'escompte à 6 0/0 d'un billet de 2.000 francs, payable à 45 jours de date.

Nous retrouvons là purement et simplement notre cas de tout à l'heure : chercher l'intérêt d'une somme pendant un certain nombre de jours.

C'est la même série de calculs à faire :

$$2.000 \times 6 = 12.000$$
$$12.000 : 100 = 120$$
$$120 \times 45 = 5.400$$
$$5.400 : 360 = 15$$

Le banquier n'aura à donner que 1.985 francs.

Argent prêté dont on retient l'intérêt d'avance, l'escompte d'un billet n'est pas autre chose.

C'est là, au surplus, ce qui a donné lieu au calcul de ce qui s'appelle l'*escompte en dedans*, d'où est venu le nom d'*escompte en dehors* donné à celui dont il a été question jusqu'à présent.

En fait, le banquier n'avance pas 2.000 francs sur le billet qu'il escompte, puisqu'il retient l'intérêt de son argent qu'il se paye lui-même à l'avance. Le porteur du billet serait donc en droit de faire déduire de ce qu'on lui retient l'intérêt de cette retenue, soit ici l'intérêt de 15 francs. Mais alors la retenue ne serait plus de 15 francs juste. Il paraît difficile d'en sortir.

On en sort par un procédé analogue à celui auquel nous avons eu recours pour le calcul de l'intérêt composé.

Prenons un calcul facile à faire, soit : un billet de 1.500 francs, payable dans un an, présenté à l'escompte en dedans de 5 0/0.

Le porteur du billet se place au jour de l'échéance, et dit à l'escompteur : ce jour-là, 100 francs que vous me prêtez aujourd'hui vaudront pour vous 105 francs. Puisque vous vous payez d'avance de l'intérêt de votre argent, donnez-moi autant de fois 100 francs, que 105 est contenu de fois dans 1,500, de cette façon, la proportion devient exacte entre 100 francs que vous me donnez et 105 francs que je laisse entre vos mains.

Et cette proportion s'établit ainsi :

$$x : 1,500 :: 100 . 105, \text{ d'où } x = 1.428,57$$

L'escompté gagne 3 fr. 57 c. à ce calcul, car l'escompte en dehors de 1,500 francs à 5 0/0 étant de 75 francs pour un an, il n'aurait eu à toucher que 1.425 francs.

En bonne justice, l'escompte en dedans, qui entre entièrement dans les conditions de l'opération, devrait être la règle. Les banquiers trouvant plus expéditif, et surtout plus avantageux pour eux l'escompte en dehors, qui n'entre pas dans ce petit détail, c'est celui-là qui a prévalu. Il fallait pourtant vous parler de l'autre, qui valait la peine d'une explication.

La comparaison à faire entre deux valeurs de placement dont on connaît le capital et l'intérêt, s'établit par la recherche du taux, au moyen de deux proportions, dont les termes se disposent comme nous l'avons dit. Celle qui aura le taux le plus élevé sera évidemment la plus avantageuse.

Soit à comparer une rente d'État à 3 0/0, au prix de 85 francs, et une obligation de chemin de fer, rapportant 15 francs d'intérêt, au prix de 420 francs.

On établit les deux proportions suivantes :

$$x : 100 :: 3 : 85 \text{ d'où } x = 3,52.$$
$$x : 100 :: 15 : 420 \text{ d'où } x = 3,57.$$

L'obligation est plus avantageuse, à égalité de garantie, bien entendu.

Tous les problèmes de la règle d'intérêt peuvent se résoudre par la méthode de l'unité.

Soit à chercher l'intérêt de 1.500 francs à 6 0/0 pendant 45 jours.

On dit, en alignant ses chiffres au-dessus et au-dessous de la barre qui est le signe de la division :

100 francs à 6 0/0 pendant un an rapporteront 6 francs,

$$\frac{6 \times 1.500 \times 45}{100 \times 360} = 11.25 \text{ francs.}$$

1 franc rapportera 100 fois moins;

1.500 francs rapporteront 1.500 fois plus;

Pendant un jour ils rapporteront 360 fois moins;

Pendant 45 jours ils rapporteront 45 fois plus;

Résultat : 15 francs.

Seulement n'est-il pas puéril, sachant qu'il faut multiplier 1,500 francs par 6, diviser le produit, d'un trait de plume, par 100, multiplier le quotient par 45, diviser le produit par 360, et sachant pourquoi, de se donner la peine de réciter cette formule, pour en finir par où l'on pouvait commencer :

Multiplier 1.500 par 6, diviser par 100, multiplier par 45 et diviser par 360;

On s'habitue ainsi à débiter machinalement des mots inutiles, et ce qui est inutile à dire est nuisible, comme habitude d'esprit.

Il est vrai qu'on peut ainsi, ayant les données du problème sous les yeux : $\frac{6 \times 1.500 \times 45}{100 \times 360}$, multiplier 360 par 100, le diviser par 6, et supprimant en conséquence le facteur 6 du numérateur de la fraction, aboutir à cette opération plus brève :

$$1.500 \times 45 : 6.000 = 11.25$$

Mais qui empêche de procéder ainsi, de but en blanc ?

Inutile également, au surplus, la mise des quatre termes

en proportion, pour qui possède les procédés de la règle d'intérêt. Je vais vous les rappeler encore une fois pour mieux les graver dans votre mémoire :

1° Multiplier le capital par le taux, et diviser par 100, pour avoir l'intérêt :

$$1.500 \times 6 = 9.000$$
$$9.000 : 100 = 90$$

2° Multiplier l'intérêt par 100 et diviser par le taux, pour avoir le capital :

$$90 \times 100 = 9.000$$
$$9.000 : 6 = 1.500$$

3° Multiplier l'intérêt par 100, et diviser par le capital, pour avoir le taux :

$$90 \times 100 = 9.000$$
$$9.000 : 1.500 = 6$$

4° Pour le compte du temps, considérer les mois et les jours comme autant d'années. Multiplier en conséquence l'intérêt, soit 90 francs par le nombre de mois et de jours, soit 8 mois et 80 jours, et rendre au produit sa véritable valeur en le divisant par 12 et par 360 :

$$90 \times 8 = 720$$
$$720 : 12 = 60$$
$$90 \times 80 = 7.200$$
$$7.200 : 360 = 20$$

Il est assez clair qu'on n'a pas plus besoin de la proportion que du calcul par l'unité pour aligner ces multiplications et ces divisions dans un ordre si facile à retenir et c'est bien aussi ce qui se passe dans la pratique.

RÈGLE DES MOYENNES

Plusieurs valeurs de même nature étant données, on prend leur moyenne en les additionnant, et divisant le total par leur nombre.

Soit 5 hommes de taille différente, ayant :

le 1er. . .	1m,80c
le 2e . .	1 , 75
le 3e . . .	1 , 90
le 4e . . .	1 , 65
le 5e . . .	1 , 60
	8m,70 : 5 = 1m,74.

La taille moyenne de ces 5 hommes sera de 1m,74c.

Ce cas est le plus simple qui puisse se présenter, la solution se comprend d'elle-même.

Si l'on avait eu à chercher la taille moyenne entre :

25	hommes	de 1m,80
30	—	de 1 , 75
45	—	de 1 , 90
40	—	de 1 , 65
15	—	de 1 , 60

l'opération serait nécessairement plus compliquée, bien que restant la même au fond. Il faudrait multiplier le chiffre de chaque taille par le nombre d'hommes qui lui correspond, additionner les produits, et diviser leur total par le chiffre des hommes mesurés.

On aurait ainsi :

$$1^m,80 \times 25 = 45$$
$$1,75 \times 30 = 52,5$$
$$1,90 \times 45 = 85,5$$
$$1,65 \times 40 = 66$$
$$1,60 \times 15 = 24$$
$$\overline{155} \quad \overline{273}$$

$$273 : 155 = 1^m,761...$$

La taille moyenne sera cette fois de $1^m,761$ millimètres, en négligeant les dixièmes de millimètre.

Il y a une autre moyenne connue sous le nom de *Moyenne des Échéances*, ou *Règle du temps moyen pour les paiements*, deux noms qui doivent vous faire peur : vous allez les comprendre tout de suite.

Supposez qu'on veuille payer tous à la fois plusieurs billets à échéances différentes, il s'agira de déterminer une date intermédiaire à laquelle il y aura compensation entre l'avance du paiement pour les uns et son retard pour les autres, absolument comme nous avons déterminé tout à l'heure une taille intermédiaire pour nos 155 hommes entre les plus grands et les plus petits.

C'est là ce qu'on appelle la moyenne des échéances, où la règle du temps moyen pour les paiements.

Soit 4 billets à payer tous le même jour :

Le 1er de	12.000	francs	à 3	mois	de date.
Le 2e de	6.000	»	à 2	»	»
Le 3e de	3.000	»	à 5	»	»
Le 4e de	4.000	»	à 3	»	»

Nous allons opérer comme tout à l'heure, et multiplier pour chaque billet le chiffre des mille par celui des mois.

$$
\begin{array}{rcl}
12 \times 3 & = & 36 \\
6 \times 2 & = & 12 \\
3 \times 5 & = & 15 \\
4 \times 3 & = & 12 \\
\hline
25 & & 75
\end{array}
$$

Cela nous donne en tout 75 mois d'échéance à répartir entre 25.000 francs.

$$75 : 25 = 3$$

l'échéance moyenne des 4 billets sera donc de 3 mois ; et si l'on voulait les remplacer par un seul billet de 25.000 francs, il faudrait l'établir à 3 mois de date.

L'opération à faire serait la même, c'est bien clair, s'il s'agissait de francs et de jours, comme pour les deux billets suivants, l'un de 489 francs (*) à 45 jours de date,
l'autre de 683 » à 75 » »

Multiplions le chiffre des francs par celui des jours.

$$
\begin{array}{rcl}
489 \times 45 & = & 22.005 \\
683 \times 75 & = & 51.225 \\
\hline
1.172 & & 73.230
\end{array}
$$

Nous avons cette fois 77.230 jours d'échéance, à répartir entre 1.172 francs.

$$73.230 : 1.172 = 62.50$$

ce qui donne au quotient 62 jours, 50 centièmes de jour, soit 63 jours.

La marche à suivre est toujours la même, quelle que soit la moyenne cherchée.

(*) On peut, en pareil cas, négliger les centimes dont la valeur devient insignifiante.

RÈGLE DE RÉPARTITION PROPORTIONNELLE

Le nom de cette règle indique suffisamment dans quel cas elle s'applique. C'est quand il s'agit de partager une valeur quelconque en quantités proportionnelles à plusieurs nombres donnés.

Soit, par exemple, 6.000 à partager entre 3 personnes dans la proportion de 3, 5 et 7, c'est-à-dire que la première recevra 3 francs, quand la seconde en recevra 5, et la troisième 7.

C'est là ce que l'on appelle une *répartition proportionnelle*.

On se trouve là, à bien y regarder, en présence d'un cas de division, avec un seul dividende — 6.000 — et trois diviseurs — 3, 5 et 7 — lesquels réclament trois quotients.

Comme il n'y a de division possible qu'avec un seul diviseur, on ne peut se tirer de là qu'en additionnant d'abord 3, 5 et 7, et divisant 6.000 par 15, le total de l'addition :

$$6.000 : 15 = 400$$

Sachant que 6.000 contient 15 fois 400, et que 15 est le total de 3, de 5 et de 7, l'on voit tout de suite que si l'on prend 400 3 fois d'abord, puis 5 fois, puis 7 fois, on l'aura pris en tout 15 fois, et que les trois preneurs se seront partagé 6.000 dans la proportion indiquée.

Et, en effet : $400 \times 3 = 1.200$
$400 \times 5 = 2.000$
$400 \times 7 = 2.800$

TOTAL 6.000

Le quotient primitif, multiplié successivement par les trois nombres dont la réunion a constitué le diviseur unique, devait donner nécessairement les trois quotients demandés.

La règle de répartition proportionnelle est, comme vous le voyez, une opération très simple qui consiste à diviser d'abord la valeur à répartir par le total des nombres selon lesquels doit se faire le partage proportionnel et à multiplier ensuite le quotient obtenu par chacun de ces nombres. La somme des produits représentera exactement la valeur partagée, et la répartition se sera faite rigoureusement dans la proportion qui existe entre lès nombres.

Si ces nombres ne représentaient pas des valeurs semblables, il y aurait une opération préliminaire exigée. Il faudrait d'abord les ramener tous à la représentation d'une valeur unique, pour se mettre en mesure de pouvoir les additionner, et l'on opérerait ensuite comme nous venons de le dire.

Soit une somme de 1.995 francs, à partager dans la proportion de $\frac{2}{3}$, $\frac{3}{4}$ et $\frac{4}{5}$.

Comme il n'est pas possible d'additionner des fractions sans les réduire au même dénominateur, ce sera la première chose à faire et l'on aura :

$$\frac{40}{60} \quad \frac{45}{60} \quad \frac{48}{60}$$

40, 45 et 48 représentent maintenant une valeur unique, à savoir des 60es. Leur addition donne pour total 133 par lequel on divisera 1.995.

1.995 : 133 = 15

Il ne reste plus qu'à multiplier 15, successivement par 40, 45 et 48 :

$$\begin{array}{r} 15 \times 40 = 600 \\ 15 \times 45 = 675 \\ 15 \times 48 = 720 \\ \hline 1.995 \end{array}$$

Prenons un exemple d'un autre genre:

Soit une somme de 282 francs à partager entre deux ouvriers dont l'un a travaillé huit jours, à raison de 10 heures par jour, et l'autre 9 jours, à raison de 12 heures par jour.

Il est assez clair qu'ici la répartition doit se faire dans la proportion des heures de travail, et c'est leur nombre qu'il faut avoir tout d'abord:

$$\begin{array}{r} 8 \times 10 = 80 \\ 9 \times 12 = 108 \\ \hline \text{TOTAL...}\ 188 \end{array}$$

C'est donc par 188 qu'il faudra diviser 282.

282 fr.: 188 = 1 fr. 50

Multiplions maintenant 1 fr. 50 par les deux nombres dont 188 est le total :

$$\begin{array}{r} 1{,}5 \times 80 = 120 \\ 1{,}5 \times 108 = 162 \\ \hline \text{TOTAL...}\ 282 \end{array}$$

On peut varier indéfiniment les cas, ce sera toujours le même procédé à employer.

II

RÈGLE DE SOCIÉTÉ

On donne le nom de *règle de société* à un cas spécial de la règle de répartition proportionnelle, à savoir quand elle s'applique au partage, entre associés, des bénéfices d'une opération commerciale, dans la proportion de leurs mises de fonds respectives.

Soit, pour aller au plus simple, un bénéfice de 1,500 francs à partager entre trois associés ayant apporté :

le 1er,	7.000
le 2e,	8.000
le 3e,	10.000
	25.000

C'est bien exactement, avec un simple changement de chiffres, le cas de la somme à partager tout à l'heure dans la proportion de 3, 5 et 7.

Il faudra donc diviser 1,500 par 25, total de nos trois nouveaux chiffres, et multiplier successivement le quotient 60, par 7, 8 et 10.

$$60 \times 7 = 420$$
$$60 \times 8 = 480$$
$$60 \times 10 = 600$$

TOTAL 1,500

Il n'y a là rien de nouveau pour nous.

Si le premier et le second associés avaient laissé leurs mises de fonds dans l'affaire pendant 4 mois, et le troisième pendant 6 mois, ce serait le cas de nos deux ouvriers n'ayant pas fourni le même nombre d'heures de travail par jour. Il faudrait, en conséquence, multiplier chaque chiffre de 1,000 par le nombre de mois qui lui correspond :

$$7 \times 4 = 28$$
$$8 \times 4 = 32$$
$$10 \times 6 = 60$$

TOTAL 120

Divisons 1.500 par 120, et multiplions le quotient 12,50 par 28, 32 et 60.

$$12{,}50 \times 28 = 350$$
$$12{,}50 \times 32 = 400$$
$$12{,}50 \times 60 = 750$$

TOTAL 1.500

Si, au lieu de mois et de chiffres ronds de mille, il était question de jours et de francs,

Soit : 3.585 francs pendant 98 jours
et 5.724 — — 135 —

le calcul à faire serait plus long; mais il est bien évident que le raisonnement serait absolument le même. Il y aurait pourtant quelque chose à changer dans la marche à suivre.

Faites le calcul, vous obtiendrez :

$$3.585 \times 98 = 351.330$$
$$5.724 \times 135 = 772.740$$

1.124.070

ce qui vous donnerait à faire les deux opérations suivantes :

$$\frac{9.309 \times 351.330}{1.124.070} \quad \text{et} \quad \frac{9.309 \times 772.740}{1.124.070}$$

Vous comprendrez facilement qu'au lieu de diviser d'abord 9.309 par 1.124.070, et de multiplier successivement le quotient obtenu par les numérateurs de ces deux formidables fractions, il sera bien préférable de commencer par les deux multiplications, et de faire porter la division sur leurs produits. Nous avons vu plus haut qu'une erreur d'un millime reproduite 1.000 fois représente un écart de 1 franc. Voyez ce qu'elle deviendrait ici.

C'est ainsi qu'il faut toujours faire quand le quotient d'une division est appelé à être multiplié ensuite un très grand nombre de fois. En commençant par la multiplication, on réduit considérablement l'importance des décimales négligées au quotient, et l'ordre dans lequel se font les opérations est, d'autre part, indifférent. Étant donné, par exemple, un nombre qu'il faut diviser par 3 et multiplier par 4, le résultat sera le même, que l'on commence par la division ou par la multiplication :

$$15 : 3 = 5 \text{ et } 5 \times 4 = 20$$
$$15 \times 4 = 60 \text{ et } 60 : 3 = 20$$

RÈGLE DE MÉLANGE

La règle de mélange s'applique aux mélanges qui se font dans le commerce de denrées de valeurs différentes.

On peut compliquer de bien des manières les problèmes relatifs à ces mélanges; mais ils rentrent tous dans les deux cas suivants :

1° Étant donnés les quantités de denrées mélangées et le prix de l'unité de mesure de chacune d'elles, trouver le prix de la même unité de mesure du mélange.

2° Étant donnés le prix que l'on veut donner à l'unité de mesure du mélange, et celui qu'elle a pour chacune des denrées à mélanger, trouver la quantité qu'il faut prendre de chacune d'elles.

Le premier cas ne peut pas nous embarrasser beaucoup : nous en connaissons déjà la solution.

Soit un mélange de 5 espèces d'eau-de-vie :

25	litres	à 1 fr. 80	le litre
30	—	1 fr. 75	—
45	—	1 fr. 90	—
40	—	1 fr. 65	—
15	—	1 fr. 60	—
155			

Voulez-vous connaître le prix en francs et centimes de chacun des 155 litres du mélange, allez chercher à la règle des moyennes le chiffre de mètres et centimètres trouvé pour les 155 hommes dont nous avons calculé la taille moyenne. Il vous donnera pour vos litres 1 fr. 75 — Nous pouvons négliger ici les 11 millimes de l'autre calcul.

Nous avons, en effet, affaire ici à une application pure et simple de la règle des moyennes, et la formule qui nous a servi pour elle peut nous servir, telle quelle, pour ce cas de la règle de mélange.

Multiplier le prix du litre de chaque espèce d'eau-de-vie par le nombre de litres qui lui correspond, additionner les produits, et diviser leur total par celui des litres du mélange.

Le second cas demande un autre raisonnement.

Supposons, pour commencer par le plus facile, que l'on veuille faire un mélange du prix de 0 fr. 75 c. le litre avec deux qualités de vin, l'une à 0 fr. 60 c., l'autre à 0 fr. 80 c. le litre, quelle quantité faudra-t-il prendre de l'une et de l'autre?

Il suffira, pour établir la proportion, de considérer que pour chaque litre à 0 fr. 60 c. vendu 0 fr. 75, il y a un gain de 0 fr. 15 c., et pour chaque litre à 0 fr. 80 c., une perte de 0 fr. 05 c.

5 étant contenu trois fois dans 15, le gain fait sur un seul litre à 0 fr. 60 c. compensera évidemment la perte subie sur trois litres de la seconde. Il faudra donc prendre 3 litres de celle-ci contre 1 litre de l'autre.

Le calcul à faire est si simple dans ce premier exemple qu'il était inutile d'aligner les chiffres. Il y aurait lieu de le faire si, au lieu de deux qualités seulement à mélanger, il s'en trouvait un plus grand nombre.

Soit du vin à 0 fr. 35 c., 0 fr. 55 c., 0 fr. 70 c. et 0 fr. 80 c. le litre, dont on veut faire un mélange du prix de 0 fr. 65 c. le litre.

Mettons les prix de chaque quantité en regard du prix

qu'aura le mélange, avec l'indication du gain et de la perte :

$$\left.\begin{array}{l}65\text{ c.} - 35 = 30\\65\text{ c.} - 55 = 10\end{array}\right\}40$$

$$\left.\begin{array}{l}70\text{ c.} - 65 = 5\\80\text{ c.} - 65 = 15\end{array}\right\}20$$

20 étant contenu deux fois dans 40, il faudra, pour faire la compensation, prendre deux fois plus des deux dernières qualités que des deux premières.

Par conséquent, pour 1 litre à 0 fr. 35 c. et à 0 fr. 55 c., on en prendra 2 à 0 fr. 70 c. et à 0 fr. 80 c.

Ces calculs faits, il devient facile de déterminer, pour les deux exemples que nous venons de prendre, quelle quantité de litres de chaque qualité de vin devra entrer dans un mélange d'un chiffre donné, soit 360 litres pour le premier et 480 pour le second.

1er *Exemple.* — 3 litres à 0 fr. 80 c. et 1 litre à 0 fr. 60 c. font 4 litres, autant de fois 4 est contenu dans 360, autant de fois on prendra 3 litres à 0 fr. 80 c. et 1 litre à 0 fr. 60 c.

$$\begin{array}{r}360 : 4 = 90\\90 \times 3 = 270\\90 \times 1 = 90\\\hline 360\end{array}$$

Il faudra prendre 270 litres à 0 fr. 90 c. et 90 à 0 fr. 60 c.

2e *Exemple.*— L'on a ici, d'une part, 1 litre de chacune des deux premières qualités, soit 2 litres; et de l'autre, 2 litres de chacune des deux dernières, soit 4 litres : en tout, 6 litres.

Autant de fois 6 est contenu dans 480, autant de fois on prendra 1 litre d'un côté et 2 litres de l'autre.

$$480 : 60 = 80$$

On prendra donc :

	80 litres à 0 fr. 35 c.
	80 litres à 0 fr. 55 c.
80 × 2 =	160 litres à 0 fr. 70 c.
80 × 2 =	160 litres à 0 fr. 80 c.
	480

Cette base de compensation une fois établie, on pourra, s'il y a lieu, faire varier ces quantités, prendre par exemple 100 litres à 0 fr. 35 c. au lieu de 0 fr. 80 c., mais il faudrait alors forcer le chiffre de l'une ou l'autre des deux dernières qualités dans la proportion voulue pour maintenir la compensation.

Ainsi 20 litres de plus, à raison de 0 fr. 30 c. de gain par litre, représentant un excédent de gain de 6 francs (0 fr. 30 c. × 20 = 6 francs), il faudrait prendre en plus :

Soit 120 litres à 0 fr. 70 c. : 0 fr. 05 c. × 120 = 6 fr.
Soit 40 litres à 0 fr. 80 c. : 0 fr. 15 c. × 40 = 6 fr.

C'est un cas qui se prête à toutes les combinaisons possibles; mais il est aisé de comprendre que les proportions demeurent nécessairement invariables quand deux qualités seulement sont en présence.

RÈGLE D'ALLIAGE

Alliage veut dire : mélange de métaux. La règle d'alliage est donc un cas de la règle de mélange, mais plus compliqué que les autres, et qui demande d'autres raisonnements.

Il y a un grand nombre d'alliages, dans lesquels les métaux peuvent se mélanger en proportions très variables. Nous ne nous occuperons que des alliages de l'or et de l'argent avec le cuivre. C'est sur eux que l'on a établi tous les raisonnements de la règle d'alliage, parce que leurs proportions sont évaluées d'après le système décimal, qui rend les calculs incomparablement plus faciles.

Quelques explications préliminaires sont indispensables pour aborder ces calculs :

Un morceau brut d'or ou d'argent, avec ou sans alliage, s'appelle un *lingot*.

La proportion d'or et d'argent que contient un lingot s'appelle son *titre*.

Pour évaluer le titre d'un lingot, on le considère comme divisé en 1.000 parties. Celui qui, sur ces 1.000 parties, en contient 900 d'or ou d'argent, est dit au titre de 900. Celui qui en contient 800 est dit au titre de 800, et ainsi des autres. Un lingot d'or ou d'argent pur est au titre de 1.000.

Il va de soi qu'un lingot au titre de 900 contient 100 parties de cuivre sur 1.000 ; qu'un lingot au titre de 800 contient 200 parties de cuivre, et ainsi des autres.

Ceci dit, voyons d'abord comment on détermine le titre d'un lingot d'or, sachant quelles quantités d'or et de cuivre on a fondues ensemble pour le faire.

Soit un lingot fait avec 400 grammes d'or et 60 grammes de cuivre.

On déterminera son titre au moyen d'un raisonnement bien simple.

Si le lingot pesait 1.000 grammes, son titre serait la quantité de grammes d'or qu'il contiendrait.

Il pèse 460 grammes sur lesquels il contient 400 grammes d'or. Le chiffre inconnu du titre que l'on cherche sera donc dans la même proportion avec 1.000 que 400 avec 460, poids total de notre lingot.

Posons la proportion : $x : 1.000 :: 400 : 460$ et divisons le produit des deux termes moyens par l'extrême connu :

$$1.000 \times 400 = 400.000$$

$$400.000 : 460 = 870$$ . . moins une quantité négligeable.

870 est donc le titre du lingot.

Une proportion du même genre nous donnera le poids de l'or contenu dans ce lingot, le poids du lingot et son titre étant connus. Il est clair que la proportion de l'or dans les 460 grammes sera la même que celle de 870 avec 1.000.

$$x : 460 :: 870 : 1.000 \text{ d'où } x = 400{,}2$$ (1)

C'est la même opération que nous allons avoir à faire pour le problème suivant :

---

(1) L'erreur de 2 décigrammes correspond ici à la fraction négligée dans le calcul de 870.

On fond ensemble trois lingots d'argent de titres différents, savoir :

Le 1er de 600	grammes au titre	de 900
Le 2e de 800	— —	de 750
Le 3e de 400	— —	de 600
1.800		

Quel sera le titre du nouveau lingot ?

Nous avons son poids. Cherchons quelle quantité d'argent contenaient les trois lingots dont il a été formé.

Ce sont trois proportions à poser semblables à celle de tout à l'heure :

$x : 600 :: 900 : 1.000$ d'où $x = 540$
$x : 800 :: 750 : 1.000$ d'où $x = 600$
$x : 400 :: 600 : 1.000$ d'où $x = 240$

1.380

Connaissant maintenant le poids du lingot (1.800) et la quantité d'argent qu'il contient (1.380), nous n'avons plus qu'à poser la proportion

$$x : 1.000 :: 1.380 : 1.800 = 766{,}666\ldots$$

Le titre du lingot est $766\frac{6}{9}$ ou $766\frac{2}{3}$.

Troisième cas à résoudre :

Étant donnés deux lingots de titres différents, avec lesquels on veut en faire un troisième d'un titre intermédiaire et d'un poids déterminé, comment trouver dans quelle proportion il faudra prendre de chacun des deux premiers ?

Soit un lingot d'or au titre de 900 et un autre au titre de 750, quelle quantité faudra-t-il prendre de l'un et de l'autre pour faire un lingot pesant 600 grammes et au titre de 800?

Nous retombons ici dans une donnée de la règle de mélange; et nous disons d'abord.

Si 1.000 grammes du premier lingot contiennent 900 grammes d'or, un gramme en contiendra mille fois moins ou 900 milligrammes. Un gramme du second contiendra 750 milligrammes d'or; un gramme du troisième devra en contenir 800.

Nous avons donc:

1er, 900
2e, 750
3e, 800

Chaque gramme du premier lingot entrant dans le troisième y apportera donc 100 milligrammes d'or de plus qu'il ne faut, et chaque gramme du second 50 milligrammes de moins. 50 étant contenu 2 fois dans 100, il faudra donc, pour faire la compensation, prendre 2 grammes du second contre 1 gramme du premier.

Or, 2 et 1 font 3, qui est contenu 200 fois dans 600. Il faudra donc prendre 200 grammes du premier lingot et 400 du second.

Supposons enfin qu'on veuille élever du titre de 650 au titre de 900 un lingot d'or de 800 grammes, quelle quantité d'or pur faudra-t-il y ajouter?

Nous le saurons bientôt en reprenant le raisonnement de tout à l'heure:

Chaque gramme d'or pur, qui est au titre de 1.000, abandonne 100 milligrammes en entrant dans le lingot où il doit descendre au titre de 900.

Chaque gramme du lingot, qui est au titre de 650, est en déficit de 250 milligrammes dans son apport :

$$(650 + 250 = 900)$$

Il faudra donc, pour faire la compensation, prendre 250 grammes d'or pur contre 100 grammes du lingot de 800 grammes, et l'on aura le chiffre de la quantité d'or exigée en multipliant 250 par 8 :

$$250 \times 8 = 2.000$$

Il faudra ajouter 2.000 grammes d'or pur au lingot de 800 grammes, au titre de 650, pour l'élever au titre de 900.

On pourrait arriver au même résultat par un autre raisonnement.

Cherchons d'abord quelle est la quantité d'or pur contenue dans le lingot de 800 grammes au titre de 650.

Il nous sera facile, sachant le poids et le titre du lingot, de le trouver au moyen de la proportion que vous connaissez bien maintenant :

$$x : 800 :: 650 : 1.000, \text{ d'où } x = 520$$

Puisque le lingot contenait 520 grammes d'or, le nombre de ses grammes de cuivre se montait nécessairement à 280, complément de 520 à 800.

Or, ces 280 grammes de cuivre sont restés là. Ils doivent se retrouver tels quels dans le nouveau lingot, et nous savons que la proportion du cuivre à l'or est de 1 à 9 dans un lingot au titre de 900.

Le nouveau lingot devra donc contenir 9 fois 280 grammes d'or :

$$280 \times 9 = 2.520$$

Nous savons que le premier lingot contenait déjà 520 grammes d'or: il y a donc eu un apport de 2.000 grammes d'or pur.

On peut varier et compliquer de mille façons les problèmes de la règle d'alliage. Ils se réduisent à trouver, certaines proportions étant données, de quelle façon elles se commandent les unes les autres. Ce sont toujours les mêmes raisonnements qui reviennent.

CALCUL DES MONNAIES ANGLAISES

LES NOMBRES COMPLEXES

Les Anglais ont des livres sterling, dont chacune vaut 20 shillings, et chaque shilling vaut 12 pence.

Ce sont là des nombres complexes.

Les subdivisions de la monnaie anglaise ne rentrent pas dans le cadre si simple de la numération décimale, comme la monnaie française, par exemple, où le franc se divise en 10 décimes, subdivisés eux-mêmes en 10 centimes. Aussi les sommes énoncées en monnaie française se prêtent-elles aux opérations de l'arithmétique avec la même facilité que les nombres abstraits. 375 et 3 fr. 75 c. se comporteront dans un calcul exactement de la même manière, qu'il s'agisse d'une addition, d'une soustraction, d'une multiplication ou d'une division. L'opération faite, le résultat sera ramené d'un trait de plume à sa véritable valeur, au moyen de la virgule.

Il n'en serait pas de même avec 3 livres, 7 shillings, 5 pence. Les chiffres ici ne représentent plus des valeurs de dix en dix fois plus fortes ou plus faibles, selon qu'on va de droite à gauche ou de gauche à droite. Le 7 des shillings représente des valeurs 12 fois plus fortes que le 5 des pence, et 20 fois plus faibles que le 3 des livres, et la virgule, dont le déplacement transforme à si peu de frais 3 fr. 75 c., en 37 fr. 50 c., en 375 francs, cette virgule si commode n'a plus d'emploi possible.

Tout notre système de calcul a l'air de crouler ici par sa base, et pourtant il est plus facile qu'on ne pourrait le croire, au premier abord, de l'appliquer à ces nombres fantasques sur lesquels il semblerait qu'il n'a pas de prise.

Pour s'en convaincre, il suffit de considérer que cette progression régulière des nombres décimaux ne les empêche pas de représenter des valeurs différentes; que dans tous les calculs d'addition, simple ou abrégée, les dizaines, par exemple, se groupent à chaque instant pour produire des centaines; que dans tous les calculs de soustraction, simple ou abrégée, les centaines se décomposent à leur tour pour produire des dizaines, et qu'il en est ainsi pour les unités de tout ordre. Rien de plus aisé que de mettre les nombres complexes à ce régime, si l'on veut se donner la peine de les suivre dans leurs caprices.

Soit à additionner (1) :

£	3.7.5
	2.9.7
	4.5.8
£	10.2.8

Vous ne reconnaissez rien à ce total. Examinons comment il a été obtenu :

L'addition des pence a donné 20, à savoir 1 shilling et 8 pence.

L'on a mis 8 sous la colonne des pence, et l'on a reporté 1 à la colonne des shillings, comme dans l'addition ordinaire, avec cette différence que c'est une douzaine qui a été reportée, au lieu d'une dizaine.

---

(1) Les Anglais emploient le signe £, mis en avant du nombre, pour indiquer qu'il exprime des livres sterling. Les chiffres des shillings et des pence viennent à la suite, séparés chacun par un point.

Les 21 shillings, total de 7. 9 et 5, augmentés de l'unité venue de la colonne des pences, ont fait 22, à savoir 1 livre et 2 shillings.

L'on a posé 2 et augmenté d'une unité le total des livres sterling : 3, 2 et 4 $= 9 + 1 = 10$.

L'on s'y prend de la même façon pour la soustraction.

Retranchons l'un de l'autre nos deux premiers nombres :

$$\begin{array}{rr} £ & 3.\ 7.\ 5 \\ & 2.\ 9.\ 7 \\ \hline £ & 0.17.10 \end{array}$$

Ici nous avons opéré comme à l'habitude, avec cette différence qu'au lieu d'emprunter des dizaines et des centaines, nous avons emprunté des douzaines et des vingtaines.

Les 12 pence du shilling emprunté joints aux 5 existants ont fait 17, réduits à 10 par la soustraction de 7.

Il ne restait plus que 6 shillings au grand nombre. Ils sont devenus 26 par l'emprunt d'une livre, 26 diminué de 9 a donné 17.

Les 3 livres réduites à 2 ont été annulées par les 2 du petit nombre. Il y a un zéro à la colonne des livres.

Les choses se sont passées, en définitive, comme pour une soustraction ordinaire.

La multiplication des nombres complexes se fait par une série de multiplications, avec un report semblable à celui de l'addition, par chaque produit partiel.

Soit £ 3 7 sh. 5 p. à multiplier par 6 :

$$\begin{array}{rr} £ & 3.7.5 \\ & 6 \\ \hline £ & 20.4.6 \end{array}$$

6 fois 5 pence donnent 30 pence, à savoir 2 shillings et 6 pence.

6 fois 7 shillings donnent 42 shillings qui deviennent 44, grâce aux 2 venus des pences. Cela fait 2 livres et 4 shillings.

6 fois 3 livres font 18 qui deviennent 20, grâce aux 2 venues des shillings.

Les choses se sont passées encore cette fois comme dans la multiplication ordinaire, qui se fait aussi par une série de multiplications partielles, avec reports d'une colonne à l'autre.

La division des nombres complexes reproduit également celle des nombres décimaux. Comme avec ceux-ci, elle commence par les valeurs supérieures du dividende se réunissant à leurs voisines si leur chiffre est insuffisant pour contenir le diviseur.

£ 3.7.5 | 6

£ 0.11.2 et $\frac{5}{6}$ de pence.

Si l'on avait affaire au nombre décimal 375, les 3 centaines se changeraient en 30 dizaines qui feraient 37 avec les 7 dizaines existantes. L'on dirait 6 est contenu dans 37, 6 fois pour 36, et il resterait 1 dizaine qui se transformerait en 10 unités.

Ici les 3 livres sterling sont devenues 60 shillings qui ont fait 67 avec 7 shillings existant.

L'on a dit 67 contient 11 fois 6 pour 66 shillings et il reste un shilling qui se transforme en 12 pence devenus 17 avec les 5 pence existant.

6 est contenu 2 fois dans 17 pour 12. Restent 5 pence dont on fait $\frac{5}{6}$ de pence pour compléter le quotient.

Il faut renoncer aux fractions décimales avec les nombres complexes, mais il ne faut pas oublier qu'il y a des cas de divisions ordinaires, celui des décimales périodiques par exemple, où l'on se rabat aussi sur une fraction ordinaire pour compléter le quotient.

L'addition, la soustraction, la multiplication et la division des nombres complexes peuvent encore se faire en employant le procédé qui nous a déjà servi pour le calcul des intérêts : convertir en jours les mois qui appartiennent aussi à la catégorie des nombres complexes, et prendre l'intérêt des jours.

On peut convertir les livres en shillings, les shillings en pence, additionner les pence qui retombent, étant seuls, dans les conditions des nombres décimaux, les soustraire, les multiplier, les diviser à la manière ordinaire. Les résultats obtenus sont ensuite ramenés aux conditions des nombres complexes, en divisant les pence par 12 pour en extraire ce qu'ils contiennent de shillings, et les shillings par 20, pour en extraire ce qu'ils contiennent de livres.

Essayez de ce procédé sur les trois nombres que nous avons additionnés en commençant :

£ 3.7.5 = 809 pence
£ 2.9.7 = 595 —
£ 4.5.8 = 1,028 —
2,432 pence = £ 10.2.8.

Vous arriverez au total que nous avons obtenu :

£ 10.2.8

et de même pour les autres opérations.

Ce procédé-là est plus long et plus compliqué que l'autre. Je vous l'indique seulement pour mémoire.

Il est inutile de vous dire que les calculs faits tout à l'heure avec les livres sterling, les shillings et les pence peuvent se faire avec tous les nombres complexes quels qu'ils soient. C'est trop facile à comprendre.

PUISSANCES DES NOMBRES

On appelle *puissances des nombres* les produits de ces nombres multipliés successivement par eux-mêmes.

Prenons pour exemple le nombre 2.

2 lui-même est considéré comme nombre à sa première puissance;

4, produit de 2×2, est la deuxième puissance de 2;

8, produit de 4×2, est la troisième puissance de 2;

16, produit de 8×2 est la quatrième puissance de 2;

32, produit de 16×2, est la cinquième puissance de 2, et ainsi de suite pour 64, 128, 256, 512, etc., etc.

Dans 4, 8, 16, 32, on dit que 2 est élevé à sa 2e, 3e, 4e, 5e puissance; on accole au chiffre 2 le numéro d'ordre de sa puissance.

Ainsi. $2^2 = 4$; $2^3 = 8$; $2^4 = 16$; $2^5 = 32$, etc., etc.

La deuxième puissance d'un nombre s'appelle son *carré*.

La troisième s'appelle son *cube*.

Le nombre primitif s'appelle la *racine* de toutes ses puissances.

La racine d'un carré a reçu le nom de *racine carrée*, la racine d'un cube celui de *racine cubique*.

Une puissance quelconque d'un nombre étant donnée, l'opération qui consiste à retrouver ce nombre s'appelle l'*extraction* de sa racine.

Je vous ai montré, à la suite de la division, la manière d'extraire une racine carrée. Voyons maintenant comment on peut extraire la racine cubique.

EXTRACTION DE LA RACINE CUBIQUE

Qu'est-ce que le cube?

C'est le produit de la multiplication du carré par sa racine. Vous en avez une suite d'exemples dans les trois lignes ci-dessous qui vous donnent les carrés et les cubes des dix premiers nombres :

	1	2	3	4	5	6	7	8	9	10
Carrés :	1	4	9	16	25	36	49	64	81	100
Cubes :	1	8	27	64	125	216	343	512	729	1.000

Procédons avec le cube comme nous avons fait avec le carré, en assistant d'abord à sa formation.

Soit le nombre 23 qui nous a déjà servi comme racine carrée.

Nous avons vu que la multiplication de 23 par 23 donne trois produits distincts qui forment son carré :

1° 9, carré de 3;

2° 120, produit de deux fois 20 multiplié par 3;

3° 400, carré de 20.

Ce sont ces trois produits que nous allons multiplier successivement pour construire le cube de 23, d'abord par 3, ensuite par 20, c'est-à-dire par le chiffre des unités de la racine et par celui de ses dizaines.

Posons-les à nouveau, en simplifiant leur énonciation au moyen de ces signes :

$$u^2,\ u^2 - d^2,\ d^2$$

qui indiquent le numéro de la puissance à laquelle sont

élevés le chiffre des unités et celui des dizaines ; u et d représenteront le chiffre des unités et celui des dizaines de la racine.

$$
\begin{array}{ll}
9 & u^2 \text{ (*)} \\
120 & 2\,d \times u \\
400 & d^2.
\end{array}
$$

Multiplions ces trois produits par 3 d'abord, et ensuite par 20.

$$
\begin{array}{rcl}
9 \times 3 = & 27 & — u^2 \times u = u^3 \\
120 \times 3 = & 360 & — 2\,d \times u \times u = 2\,d \times u^2 \\
400 \times 3 = & 1.200 & — d^2 \times u \\
 & & \\
9 \times 20 = & 180 & — u^2 \times d \\
120 \times 20 = & 2.400 & — 2\,d \times u \times d = 2\,d^2 \times u \\
400 \times 20 = & \underline{8.000} & — d^2 \times d = d^3 \\
 & 12.167 &
\end{array}
$$

12.167 est donc le cube de 23. Cherchons dans les 6 produits dont il est formé les valeurs qui sont de même nature, pour les grouper ensemble.

Nous avons d'abord en tête et en queue de liste 27 et 8.000, le cube des unités et celui des dizaines. Ces deux nombres-là font bande à part : ils n'ont rien à voir avec les autres.

1.200 et 2.400 ont une origine commune. C'est le produit de la multiplication de d^2 par u, 1 fois d'abord, 2 fois ensuite : en tout, 3 fois.

Ils font ensemble 3.600, produit du carré des dizaines multiplié 3 fois par les unités.

De même pour 360 et 180, produit de u^2 multiplié par d, 2 fois d'abord, 1 fois ensuite.

(*) 2 fois et 3 fois d et u s'écrivent ainsi : 2 d, 2 u — 3 d, 3 u.

Ils font ensemble 540, produit du carré des unités multiplié 3 fois par les dizaines.

Nos 6 produits se réduisent donc à 4, que nous allons avoir à retirer successivement de 12.167 pour remonter à sa racine.

Rangeons-les en ordre de bataille, en commençant par les plus gros, qui sortiront les premiers :

8.000	— d^3
3.600	— $3\,d^2 \times u$
540	— $3\,u^2 \times d$
27	— u^3
12.167	

Nous pouvons procéder maintenant à l'extraction de la racine cubique de 12.167 : nous sommes en mesure de voir clair dans notre opération. C'est encore une division, comme pour la racine carrée, et l'on abaisse un nouveau chiffre à chaque valeur que l'on retire, après la première.

12.167	23	
8.000		8.000 d^3
4.167		
3.600		3.600 $3\,d^2 \times u$
567		
540		540 $3\,u^2 \times d$
27		27 u^3.

Raisonnons l'opération qui a fait sortir du cube 12.167 sa racine 23.

Le cube de 10 est 1.000.

12.167 contient des mille. Il y a, par conséquent, un chiffre de dizaines à sa racine, et le cube de ce chiffre ne peut être contenu que dans les 12 mille.

Le plus grand cube contenu dans 12 est 8, cube de 2. 2 est, par conséquent, le chiffre des dizaines de la racine.

Nous enlevons 8.000 à 12.167 : il nous reste 4.167.

Que nous faut-il savoir encore de la racine? Le chiffre de ses unités. Un calcul bien simple va nous le donner.

4.167 doit contenir 3 fois le carré des dizaines multiplié par les unités, et le carré de 10 étant 100, le produit de cette multiplication ne peut être contenu que dans les 41 centaines de ce qui reste du cube.

3 fois 4, carré de 2, font 12, qui est contenu 3 fois, pour 36 dans 41. 3 est donc le chiffre des unités de la racine.

Nous l'inscrivons à côté du chiffre de ses dizaines, et nous enlevons au cube 36 centaines, ou 3.600.

Il nous reste 567 dont nous retirons successivement d'abord 540, ou 54 dizaines, produit du carré des unités de la racine multiplié trois fois par ses dizaines, puis 27 cube de 3.

Il ne reste rien de 12.167, et nous serions certains, si nous ne l'avions pas vu d'avance, que sa racine cubique est bien 23.

Nous avons eu là quatre opérations successives, correspondant chacune à l'un des quatre produits distincts dont se composait le cube, et vous pouvez maintenant vous rendre compte aisément de la marche à suivre pour extraire une racine cubique de deux chiffres :

1° Extraire des mille du cube le cube des dizaines de la racine, ce qui donnera le chiffre des dizaines;

2° Extraire des centaines restantes du cube le produit de 3 fois le carré des dizaines de la racine multiplié par le chiffre de ses unités, ce qui donnera ce chiffre;

3° Extraire des dizaines restantes du cube le produit de 3 fois le carré des unités de la racine multiplié par le chiffre de ses dizaines;

4° Extraire des unités restantes du cube le cube des unités de sa racine.

S'il y avait eu un reste à la suite de notre opération, comme cela arrive presque toujours avec un cube que l'on n'a pas construit d'avance, comme le nôtre, pour la démonstration ; si nous avions eu, par exemple, à extraire la racine cubique de 12.850, il aurait fallu continuer l'opération en transformant en dixièmes, par l'addition d'un zéro, les 683 unités qui seraient restées après l'extraction de 12.167, le cube de 23, chercher le chiffre des dixièmes de la racine, en divisant 6.830 par 3 fois le carré de 23, soit 1.587.

```
6.83,0 | 1.587
634,8    23,4
------
 48,2
```

Ce chiffre 4 obtenu, il y aurait à extraire du restant, à savoir 482 dixièmes, 3 fois le carré des dixièmes par les unités de la racine, et comme des dixièmes multipliés par des dixièmes donnent des centièmes, il faudrait changer les 482 dixièmes en centièmes en y ajoutant un zéro.

Le carré de 4 est 16. 3 fois 16 = 48. Ce sera donc 48 multiplié par les 23 unités de la racine, soit 1.104, qu'il faudra soustraire de 4.820.

```
        4.820
        1.104
        -----
Reste   3 716   soit 37,16.
        =====
```

Reste enfin à extraire le cube des 4 dixièmes.

Or, si le cube des dizaines se compose de mille, le cube des dixièmes se compose de millièmes. Il faudra donc transformer les 3.716 centièmes restants en millièmes par l'addition d'un nouveau zéro, et retrancher le cube de 4, soit 64 de 37.160 millièmes.

$$\begin{array}{r} 37.160 \\ 64 \\ \hline 37.096 \end{array}$$

Il restera 37.096 millièmes sur lesquels on recommencera la même série d'opérations, si l'on veut arriver au chiffre des centièmes de la racine. Seulement cette fois on opérera non plus avec 23 unités, mais avec 234 dixièmes.

Tout cela doit vous paraître bien compliqué, mais vous finirez par vous y reconnaître si vous faites attention que les 3 opérations réclamées par le chiffre des dixièmes sont exactement les mêmes, et se suivent dans le même ordre que celles qu'avait réclamées le chiffre des unités, et qu'à chacune de celles-là il avait fallu abaisser un nouveau chiffre, la première s'étant faite sur les centaines du cube, la seconde sur ses dizaines, la troisième sur ses unités.

La virgule franchie, l'on n'a plus de chiffre à abaisser; mais on y supplée en allongeant d'un zéro le reste du cube à chacune des opérations qui se font, la première sur des dixièmes, la seconde sur des centièmes, la troisième sur des millièmes.

Enfin, de même que pour l'extraction du chiffre des dixièmes de la racine on avait opéré avec 23, en changeant les 2 dizaines en 20 unités, de même pour l'extraction du chiffre des centièmes, il faudrait opérer avec 234 en changeant les 23 unités en 230 dixièmes.

On en ferait autant pour les centièmes si, après avoir obtenu leur chiffre, on voulait aller plus loin, et l'on peut aller ainsi indéfiniment.

Notez que si vous vouliez vous donner la peine de

refaire sur le carré et le cube de 23,4 le travail préparatoire auquel nous avons soumis ceux de 23, vous retrouveriez tout aussi bien l'origine de ce carré des unités multiplié 3 fois par les dixièmes, et de ce carré des dixièmes multiplié 3 fois par les unités. C'est un travail de patience qu'il ne tient qu'à vous d'entreprendre en enregistrant à mesure les produits obtenus comme nous l'avons fait tout à l'heure (1).

Si le cube contenait des millions, il y aurait des centaines à la racine, le cube de 100 étant 1.000.000. Le travail à faire serait alors exactement le même que pour 23,4, et la série des opérations se suivrait également dans le même ordre.

(1) S'il prenait fantaisie d'essayer de l'extraction de la racine 23, élevée à sa quatrième puissance, rien ne serait plus facile que de se tracer la marche à suivre en recommençant sur son cube le travail qui vient d'être fait sur son carré, enregistrant à mesure les produits de la multiplication de ses 4 valeurs par 3 d'abord, ensuite par 20, et groupant encore une fois les valeurs de même nature. Il s'en trouverait 5. On en trouverait 6 pour la cinquième puissance, 7 pour la sixième et ainsi de suite — et chacune exigerait une opération analogue à celles pratiquées sur les 4 valeurs du cube avec abaissement d'un nouveau chiffre à chacune. C'est un calcul à faire que je vous indique comme curiosité; mais on s'y prend autrement dans la pratique. Ce procédé-là est beaucoup trop compliqué.

LES PROGRESSIONS (1).

I

PROGRESSIONS PAR DIFFÉRENCE

Alignez l'une au-dessous de l'autre ces deux séries de nombres :

6, 14, 22, 30, 38
38, 30, 22, 14, 6

Chacun de ces nombres diffère de celui qui le précède d'une quantité qui est la même pour tous : 8.

C'est là ce qu'on appelle des *progressions par différence.*

Dans la première série, les nombres vont toujours en augmentant de 8 : c'est une *progression croissante.*

Dans la seconde, ils vont toujours en diminuant de 8 : c'est une *progression décroissante.*

8, le nombre dont ils diffèrent, est la *raison* de ces deux progressions et les 5 nombres dont chacune se compose sont ses *termes.*

Quand on écrit une progression par différence, on la fait précéder d'une barre avec deux points, l'un au-dessus,

(1) *Progression* vient du verbe latin *progredi,* marcher en avant, dont nous avons fait notre mot : progrès.

l'autre au-dessous $\div$, et l'on met un point entre chacun de ses termes.

$$\div\ 6.\ 14.\ 22.\ 30.\ 38$$

$$\div\ 38.\ 30.\ 22.\ 14.\ \ 6$$

$$\overline{44,\ 44,\ 44,\ 44,\ 44}$$

Comme vous le voyez, le total des cinq colonnes est toujours le même : 44.

Cela tient à une propriété de la progression par différence, à savoir que la somme de ses deux termes extrêmes est constamment égale à la somme des autres termes pris, deux à deux, à égale distance, l'un du premier, l'autre du dernier.

Or, la progression décroissante n'étant ici que la progression croissante retournée, le premier et le dernier terme de celle-ci se retrouvent forcément en tête et en queue de l'autre; leurs deux voisins se font face également; le terme du milieu étant le même dans les deux séries, il suffira de le doubler dans toute progression par différence dont les termes seront en nombre impair, pour avoir un total égal à celui des autres couples.

Cette uniformité de total s'explique facilement si l'on fait attention que les 4 termes s'échelonnant derrière le premier : 6, le contiennent tous 1 fois, plus la raison 8, 1 fois, 2 fois, 3 fois, 4 fois, à la suite.

Il en résulte que l'on a :

$6 + 38 = 2$ fois 6, plus 4 fois 8
$14 + 30 = 2$ fois 6, plus 1 fois et 3 fois 8
$22 + 22 = 2$ fois 6, plus 2 fois et 2 fois 8

Puis reviennent 30 et 14, 38 et 6, c'est-à-dire que les 5 couples contiennent tous également 2 fois 6 et 4 fois 8.

Or :

$$6 \times 2 = 12$$
$$8 \times 4 = 32$$

TOTAL. . . 44

On trouvera nécessairement le même résultat pour toute progression par différence dont on additionnera deux termes pris dans l'ordre qui vient d'être indiqué.

Il suit de là que pour trouver le premier terme d'une progression par différence dont on aura les autres termes et la raison, il suffira de soustraire la raison du premier des termes connus : la différence sera le terme cherché.

$$14 - 8 = 6$$

Si l'on n'avait pas la raison, il suffirait pour la trouver de soustraire n'importe lequel des termes de celui qui le suit immédiatement :

$$14 - 6 = 8$$
$$22 - 14 = 8$$

Si l'on n'a que le nombre des termes, le dernier et la raison, on trouvera le premier, qui permettra de rétablir tous les autres, en soustrayant du terme connu le produit de la raison multipliée par le nombre des autres termes.

Soit notre progression à 5 termes, sa raison : 8, et son dernier terme : 38, on dirait :

$$8 \times 4 = 32$$
$$38 - 32 = 6$$

Ayant enfin le premier terme et la raison, on aura celui des termes de la progression que l'on voudra, sans passer par les termes intermédiaires, en multipliant la raison par le nombre des termes venant avant celui qu'on cherche, et ajoutant le premier terme au produit obtenu.

$8 \times 4 = 32 + 6 = 38$, 5e terme.
$8 \times 9 = 72 + 6 = 78$, 10e terme.

On obtient la somme des termes d'une progression par différence en multipliant le total des deux termes extrêmes par la moitié du nombre des termes. Soit, encore une fois, notre progression à 5 termes :

$$5 : 2 = 2{,}5$$
$$6 + 38 = 44 \times 2{,}5 = 110$$

Faites l'addition des 5 termes de la progression, vous trouverez bien 110, et en effet, 5 fois 44, ou 220, doivent nécessairement donner le double du total réel, puisque les 5 termes s'y trouvent contenus chacun 2 fois, ainsi que nous venons de le voir.

Tout ce qui vient d'être dit s'applique à la progression croissante. S'il s'agissait d'une progression décroissante, on obtiendrait les mêmes résultats par les mêmes procédés, en opérant à rebours, c'est-à-dire en renversant l'ordre des termes, le premier devenant le dernier.

En effet, la progression décroissante n'étant qu'une progression croissante retournée, comme on l'a vu au commencement, un retournement en sens inverse la replace nécessairement dans les conditions premières.

II

PROGRESSION PAR QUOTIENT

÷÷ 3 : 6 : 12 : 24 : 48 : 96

Voici une progression d'un autre genre, dont la raison est 2.

Chacun de ses termes reproduit celui qui le précède, non plus augmenté de la raison, mais multiplié par elle.

C'est une série de multiplications, tandis que l'autre était une série d'additions. Il en résulte que dans tous les cas où nous opérions par soustraction avec la progression par différence, on opère par division avec celle-ci : de là son nom de *Progression par quotient.*

Vous voyez comment elle s'écrit. Au lieu d'un point au dessus et au dessous de la barre qui la précède, ainsi qu'entre chacun des termes, on en met deux.

Étant donnés le premier terme et la raison d'une progression par quotient, on obtiendra le quatrième, pour en choisir un, en multipliant le premier par le cube de la raison ou par la raison multipliée 3 fois par elle-même.

$$2 \times 2 = 4 \times 2 = 8$$
$$3 \times 8 = 24$$

Nous prenons notre exemple dans la progression par quotient que vous venez de voir.

Pour obtenir le cinquième terme, il faudrait multiplier le premier par la raison élevée à la quatrième puissance, c'est-à-dire multipliée 3 fois par elle-même.

$$2 \times 2 = 4 \times 2 = 8 \times 2 = 16$$
$$3 \times 16 = 48$$

Et ainsi de suite pour n'importe quel terme, c'est-à-dire qu'il faudrait multiplier le premier terme par la raison multipliée autant de fois par elle-même qu'il y aurait de termes avant celui que l'on veut obtenir.

Il en résulte qu'étant donnés la raison et n'importe quel terme d'une progression par quotient, on obtient le premier en divisant le terme connu par la raison multipliée par elle-même autant de fois qu'il y a de termes avant :

24, quatrième terme : 2^3, ou $8 = 3$
48, cinquième terme : 2^4, ou $16 = 3$.

Ceci posé qu'une progression par quotient est une série

de nombres multipliés à la suite par celui qui s'appelle sa raison, il devient facile de trouver cette raison, quand on a deux termes d'une progression, avec leur numéro d'ordre.

Soit 96, sixième terme de notre proportion, et 12, son troisième terme.

Nous savons que 96 est le produit final de trois multiplications successives de 12 par la raison cherchée, en d'autres termes, le produit de 12 multiplié par le cube de la raison. Nous sommes donc certains d'obtenir ce cube en divisant 96 par 12.

$$96 : 12 = 8$$

cube de 2, qui est la raison cherchée.

On obtient donc la raison d'une progression par quotient dont on connait deux termes, en divisant le plus grand par le plus petit, et extrayant la racine du quotient à la puissance indiquée par le chiffre des termes intermédiaires.

Nous avons vu que dans la progression par différence, le total des deux termes extrêmes est constamment égal au total de deux autres termes pris à égale distance, l'un du premier, l'autre du dernier. Il en est de même, et en vertu du même raisonnement, pour le produit respectif de ces termes dans la progression par quotient.

Prenons nos exemples dans la progression sur laquelle nous avons opéré jusqu'à présent :

$$\div\div 3 : 6 : 12 : 24 : 48 : 96$$

$$96 \times 3 = 288$$
$$48 \times 6 = 288$$
$$24 \times 12 = 288$$

Et, en effet, 48 est 2 fois plus petit que 96 ; mais 6 est deux fois plus grand que 3. Le produit de la seconde multiplication devra donc être 2 fois plus petit, d'une part, et 2 fois plus grand, de l'autre, que celui de la première. Il sera donc égal à ce produit.

Il en sera de même pour 24, 2 fois plus petit que 48, et 12, 2 fois plus grand que 6, et pour tous les termes quelconques d'une proportion par quotient pris, deux à deux, dans l'ordre qui vient d'être indiqué.

L'on a imaginé, pour obtenir, sans les additionner, la somme des termes d'une progression par quotient, un procédé fort ingénieux, qui mérite les honneurs de l'explication, bien qu'elle soit un peu longue à donner.

Soit la progression suivante, dont la raison est 4 :

∺ 6 : 24 : 96 : 384 : 1.536.

Multipliez chacun de ses termes par sa raison, vous aurez la progression nouvelle que voici :

∺ 24 : 96 : 384 : 1.536 : 6.144

dont le total contiendra nécessairement 4 fois celui de la première puisque chacun de ses termes sera 4 fois plus fort.

Alignez les deux séries de nombres en mettant l'un sous l'autre ceux qui leur sont communs ; et biffez-les à la fois sur les deux lignes.

∺ 6 : 24 : 96 : 384 : 1.536
∺ 24 : 96 : 384 : 1.536 : 6.144

Que vous reste-t-il des deux progressions ? 6, le premier terme de l'une, et 6.144, le dernier de l'autre, lesquels n'ont pas de correspondants.

La ligne du bas contenait 4 fois celle du haut avant le retranchement des termes communs. Il est évident qu'après ce retranchement elle le contiendra encore 3 fois, plus 6 qui n'a pas été biffé.

6.144, le seul terme qui reste de la nouvelle progression, contient donc, à lui seul, 3 fois la première, plus 6, son premier terme, et qu'est-ce que 6.144? le produit de la multiplication de 1.536, le dernier terme de cette progression, par sa raison 4.

Retranchez 6 de 6.144, et divisez le reste par 3, vous obtiendrez nécessairement le total des termes de la première progression.

6.144 — 6 = 6.138
6.138 : 3 = 2.046

2.046 est bien le total qu'il s'agissait de trouver, et il est facile de faire la preuve de notre opération, en additionnant les 5 termes de la progression primitive :

6
24
96
384
1.536
———
2.046

Il suffisait donc, pour obtenir, sans les additionner, la somme des termes de cette progression :

1° De multiplier son dernier terme 1.536 par sa raison 4;

2° De retrancher 6, son premier terme, de 6.144, produit de cette multiplication;

3° De diviser le reste par 3, c'est-à-dire par sa raison diminuée d'une unité.

La marche à suivre sera la même pour toute progression par quotient. La division finale devra se faire par 4, si la raison est 5, par 7, si elle est 8, etc., en la diminuant toujours d'une unité, puisque le retranchement des termes communs aux deux lignes de nombres dans toute opération analogue à celle que nous venons de faire aura toujours pour résultat que la ligne du bas contiendra ensuite celle du haut une fois de moins.

La progression par différence porte aussi le nom de *progression arithmétique*, la progression par quotient celui de *progression géométrique*.

En quoi l'une est-elle arithmétique, l'autre géométrique? il serait difficile de le dire. C'est à cause de cela que nous n'avons pas cru devoir nous servir pour la démonstration de noms dont nous n'aurions pas su motiver l'emploi.

Comme l'usage lui a donné force de loi, il faut être en mesure de les reconnaître quand on les rencontrera. Rappelez-vous donc que les termes de la progression arithmétique vont toujours en s'augmentant du nombre qui est sa raison, et ceux de la progression géométrique en se multipliant par ce nombre.

MESURES GÉOMÉTRIQUES

Géométrie vient de deux mots grecs : *gé*, terre, et *metron*, mesure, un mot que nous connaissons déjà.

La géométrie a été imaginée au commencement pour mesurer la terre, la terre cultivée, entendons-nous, c'est-à-dire les champs. Elle a débuté par ce que nous appelons l'arpentage.

C'est à la longue seulement que les géomètres ont entrepris de mesurer notre terre, la planète que nous habitons, et il n'y a pas encore bien longtemps que cette mesure est devenue sérieuse.

I

NOTIONS PREMIÈRES DE GÉOMÉTRIE

Les corps ont trois dimensions : *longueur*, *largeur* et *hauteur*.

A ces trois dimensions correspondent les quatre éléments principaux de la géométrie : le *point*, la *ligne*, la *surface* et le *solide*.

Le point géométrique est considéré comme n'ayant ni longueur, ni largeur, ni hauteur.

Le point, en s'allongeant, engendre la *ligne* qui n'a ni largeur, ni hauteur (fig. 1).

Figure 1.

La ligne, en s'élargissant, engendre la *surface* qui n'a pas de hauteur (fig. 2).

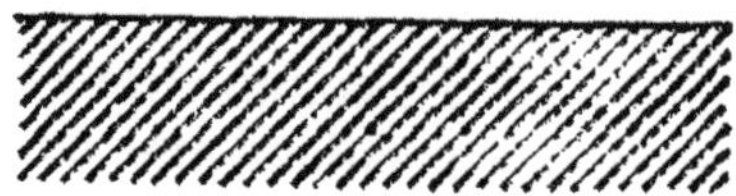

Figure 2.

La surface, en se haussant, engendre le *solide* qui a les trois dimensions (fig. 3).

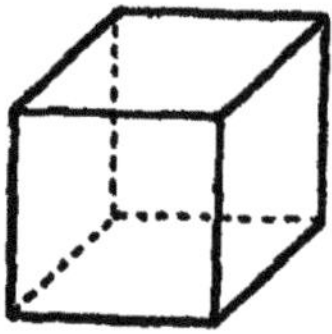

Figure 3.

Il n'existe dans la nature que des solides, eux seuls réunissant les trois dimensions des corps. Le point, la ligne et la surface géométriques ne sont que des conceptions de l'esprit, des idées. Mais pour être idéale, leur existence n'en est pas moins réelle. Les raisonnements et les calculs dont ils fournissent l'objet, eux et les nombres abstraits qui sont aussi des idées, se trouvent même les plus certains de tous, puisque rien d'imprévu ne peut venir les fausser. Qui dit : preuve géométrique, dit : preuve incontestable.

On appelle *ligne droite* le plus court chemin d'un point à un autre.

Figure 4.

Exemple : la ligne AB qui va droit du point A au point B (fig. 4).

Deux lignes droites partant du même point dans deux directions différentes, sans se prolonger, forment, au point de départ, un *angle* (fig. 5).

Figure 5.

Le point de départ O est le sommet de l'angle; les lignes OA et OB sont ses *côtés;* l'écartement entre ses deux côtés est son *ouverture* ou sa grandeur.

Toute ligne qui en rencontre une autre fait avec elle deux angles au point de rencontre.

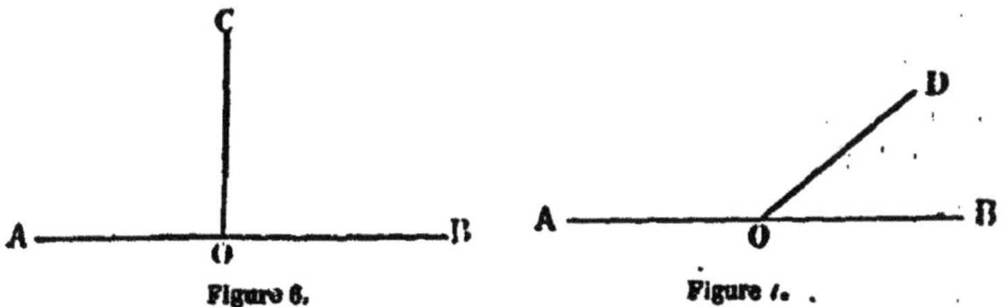

Figure 6. Figure 7.

Quand l'écartement est le même pour les deux angles, exemple : les angles AOC et BOC, la ligne CO est dite *verticale* ou *perpendiculaire,* et les deux angles sont dits *angles droits* (fig. 6).

Quand l'écartement est plus grand d'un côté que de

l'autre, exemple : les angles AOD et BOD, la ligne OD est dite *oblique;* l'angle le plus ouvert ou le plus grand, AOD, est dit *angle obtus;* l'angle le plus petit, BOD, est dit *angle aigu* (fig. 7).

Deux lignes qui cheminent côte à côte, en demeurant toujours à la même distance, sont dites *parallèles* (fig. 8).

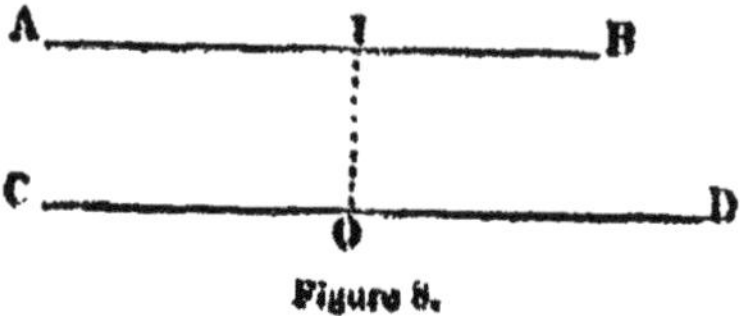

Figure 8.

La distance entre les deux parallèles AB et CD se détermine en abaissant d'un point quelconque de l'une, soit le point I, sur le point de l'autre qui lui fait face, O, une perpendiculaire formant deux angles droits à son point de départ, et deux autres à son point d'arrivée.

Quand trois lignes droites se touchent, deux par deux, à leurs extrémités, l'espace formé qu'elles circonscrivent entre elles prend le nom de *triangle* (trois angles) (fig. 9).

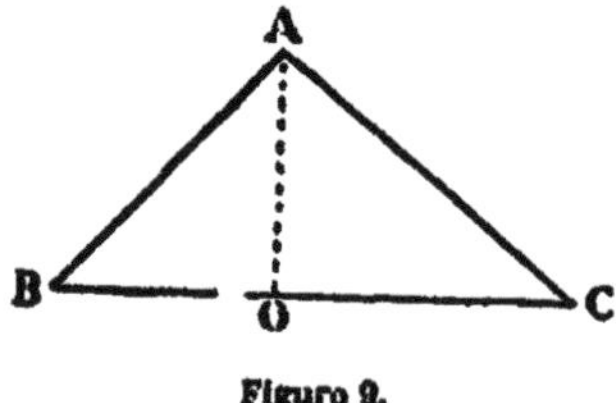

Figure 9.

Le triangle ABC ci-dessus a trois angles, A, B et C, et trois côtés, AB, BC et CA. L'angle A est son *sommet*. Le côté BC est sa *base*. La verticale AO, abaissée du sommet sur la base, est sa *hauteur*.

Chacun des trois angles d'un triangle peut être pris indifféremment pour son sommet. Le côté qui fait face au sommet devient alors sa base.

Le triangle est la plus simple des figures géométriques. C'est aussi celle qui rend le plus de services, comme on pourra en juger plus tard.

Viennent après lui les figures à quatre angles et quatre côtés, qui portent le nom général de *quadrilatère*, des mots latins *quatuor* quatre, et *latera* côtés (fig. 10)

Figure 10.

Tout quadrilatère dont les deux côtés qui se font face sont parallèles, porte le nom général de *parallélogramme* (fig. 11).

Figure 11.

Quand les quatre côtés d'un parallélogramme forment des angles droits à leurs points de rencontre, il prend le nom de *rectangle*, du mot latin *rectus*, droit (fig. 12).

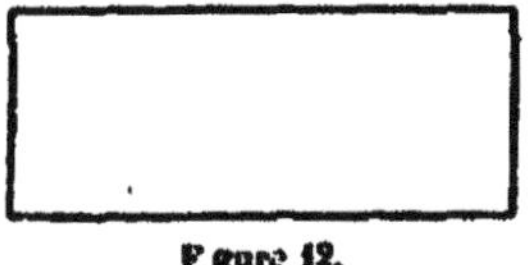

Figure 12.

Quand les quatre côtés d'un rectangle sont égaux, il prend le nom de *carré* (fig. 13).

Figure 13.

Un parallélogramme dont les quatre côtés sont égaux, mais dont les angles ne sont pas droits, prend le nom de *losange* (fig. 14).

Figure 14.

Le quadrilatère, dont deux côtés seulement sont parallèles, prend le nom de *trapèze* (fig. 15).

Figure 15.

La hauteur d'un parallélogramme se détermine en abaissant une verticale de l'un de ses côtés sur celui qui lui fait face IO (fig. 16).

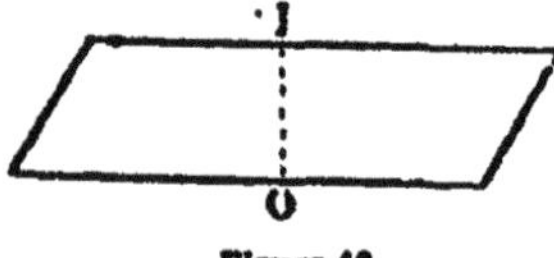

Figure 16.

Le trapèze n'ayant que deux côtés parallèles, c'est entre ces deux côtés que l'on doit abaisser la verticale qui détermine la hauteur du trapèze IO (fig. 17).

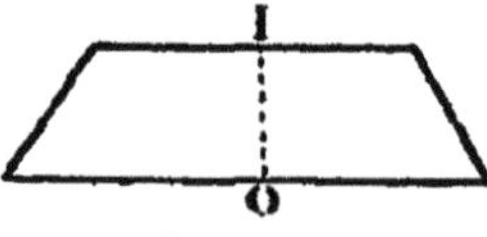

Figure 17.

La ligne droite qui coupe un quadrilatère en deux parties égales en allant de l'un de ses angles à celui qui lui fait face s'appelle sa *diagonale* BD (fig. 18).

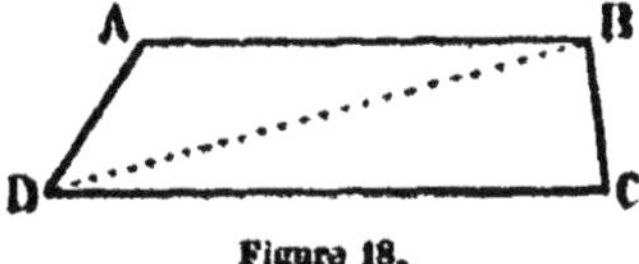

Figure 18.

Ce nom vient des deux mots grecs *dia*, à travers, et *gonion*, angle.

De ce dernier mot grec vient le nom de *polygone* (en grec *polus*, plusieurs) qui a été donné à toutes les figures géométriques fermées, comme le triangle et le quadrilatère, par des lignes droites qui forment à leur point de rencontre autant d'angles que la figure a de côtés (fig. 19).

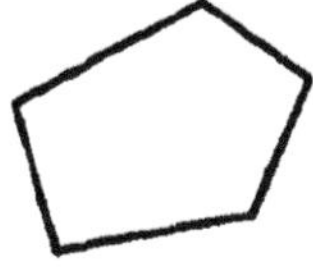

Figure 19.

La figure prend le nom de *pentagone* quand elle a cinq côtés, cinq angles par conséquent, d'*hexagone* quand elle en a six, d'*heptagone* quand elle en a sept, d'*octogone* quand elle en a huit, etc., en raison des mots grecs *pente*, cinq; *hexa*, six; *hepta*, sept; *octo*, huit, etc.

Quand tous les côtés d'un polygone sont égaux, il est dit *régulier*.

Tous ses angles sont alors égaux. Les diagonales tirées de chacun d'eux à celui qui lui fait face sont égales aussi et viennent se croiser toutes en un point qui est dit le *centre* de la figure (fig. 20).

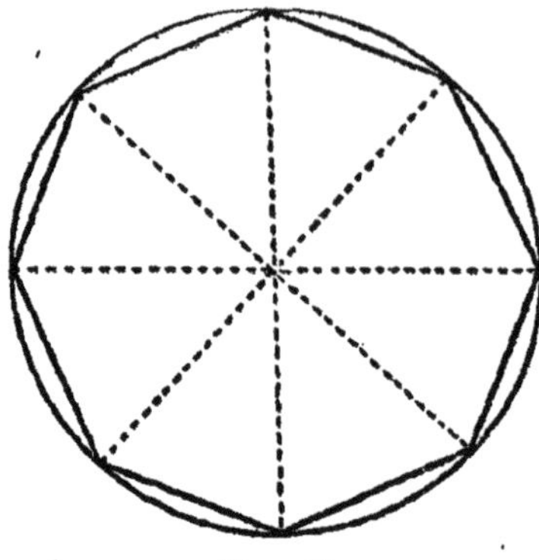

Figure 20.

II

MESURE DES SURFACES

La surface la plus simple à mesurer est celle du carré.

Il a été dit déjà dans l'exposé du système métrique qu'un décamètre carré, c'est-à-dire un rectangle dont tous les côtés sont également de 10 mètres, peut être considéré comme une rangée de 10 bandes juxtaposées, dont chacune se composerait de 10 mètres carrés accolés à la file.

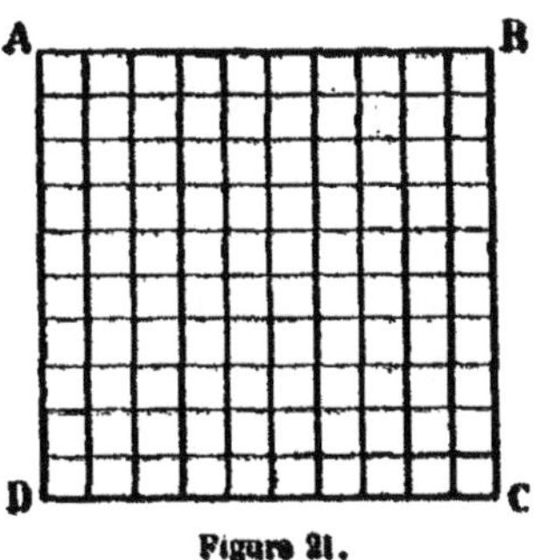

Figure 21.

Pour mesurer la surface d'un carré, il faut donc multiplier l'un de ses côtés pris pour sa hauteur par le côté adjacent pris pour sa base — soit ici (fig. 21) AD $\times$ DC — ce qui revient à multiplier un de ses côtés par lui même, puisqu'ils sont tous égaux :

$$10 \times 10 = 100$$

La surface d'un décamètre carré contient donc 100 mètres carrés.

Le procédé est le même pour mesurer tout autre rectangle.

Soit, par exemple, le rectangle ABCD (fig. 22) dont le grand côté AB est de 6 mètres et la hauteur n'est que de 2 mètres.

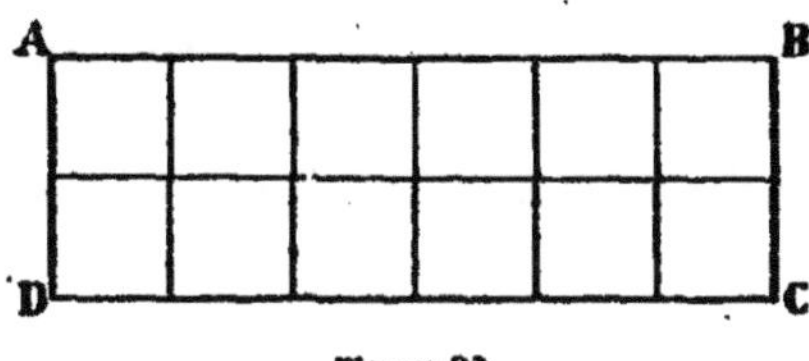

Figure 22.

il est clair que ce rectangle se composera de deux bandes d'un mètre de haut, ayant chacune 6 mètres de long :

$$2 \times 6 = 12$$

La surface de ce rectangle sera de 12 mètres carrés.

Si, au lieu de mètres, on comptait par pieds, ou par pouces, en se servant de nos anciennes mesures, la surface serait de 12 pieds, ou de 12 pouces carrés, et de même pour toute autre mesure de longueur empruntée aux pays étrangers. Les surfaces s'évaluent toujours en carrés de l'unité de mesure employée.

Soit maintenant le parallélogramme ABCD, dont les côtés se rencontrent obliquement (fig. 23).

Figure 23.

Ce parallélogramme est formé, comme son nom l'indique, par deux couples de parallèles, et nous avons dit que les lignes parallèles demeurent constamment à la même distance l'une de l'autre. L'avance du point D sur le point A a donc exactement la même valeur que le recul du point C sur le point B.

Si donc on abaisse les deux verticales AO et BI sur la ligne DC prolongée en I, l'on aura le rectangle ABIO, de même hauteur nécessairement que le parallélogramme de même base aussi, puisque la ligne DC regagne juste en I ce qu'elle a perdu en O, et de même surface par conséquent.

Ce qui est vrai du rectangle est donc vrai aussi de tout parallélogramme.

On obtient donc la surface d'un parallélogramme quelconque en multipliant sa base par sa hauteur, c'est-à-dire un de ses côtés par la verticale allant de ce côté à la parallèle qui lui fait face.

Ceci va nous permettre d'obtenir le plus facilement du monde la surface du triangle.

Soit le triangle ABC (fig. 24) :

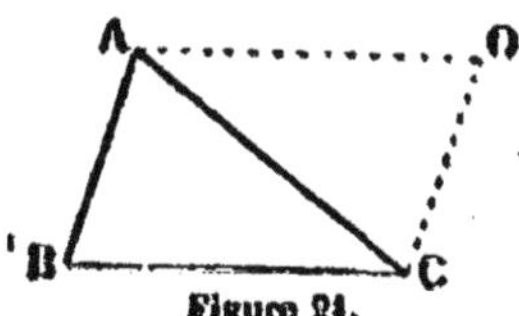

Figure 24.

Doublez-le, en le renversant, d'un triangle AOC qui soit exactement pareil, vous aurez le parallélogramme AOCB qui aura la même base et la même hauteur que lui, et qui le contiendra bien évidemment deux fois.

Comme la surface d'un parallélogramme s'obtient en multipliant sa base par sa hauteur, on aura donc la surface d'un triangle en faisant sur lui la même opération, et prenant la moitié du produit.

Nous voici en mesure, grâce au triangle, de mesurer la surface du reste des polygones.

Le trapèze d'abord. Soit le trapèze ABCD (fig. 25) :

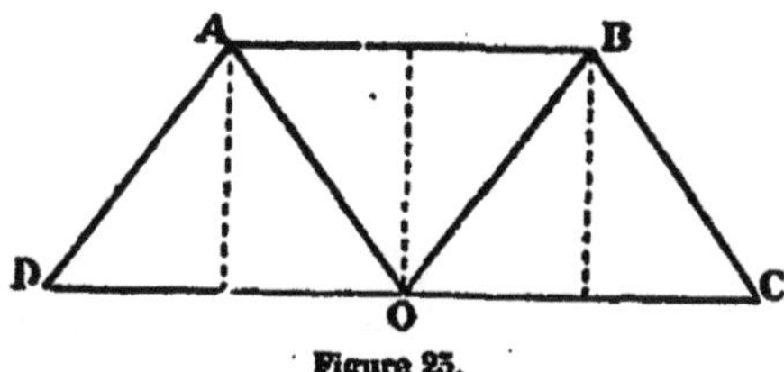

Figure 25.

Des deux points extrêmes A et B du petit côté parallèle, tirez deux lignes qui viendront se rejoindre au point O, sur le milieu du grand ; vous aurez trois triangles ayant pour hauteur commune les verticales abaissées d'une parallèle sur l'autre, et pour bases :

Le triangle AOB, le côté AB du trapèze.

Les deux autres, les deux moitiés de son côté DC, c'est-à-dire la somme, pour les trois triangles, des deux côtés parallèles du trapèze.

La surface entière du trapèze étant comprise dans ces trois triangles qui ont pour mesure commune le produit de leur base multipliée par la moitié de leur hauteur, il s'ensuit qu'on obtiendra la surface d'un trapèze en faisant la somme de ses côtés parallèles, la multipliant par sa hauteur et prenant la moitié du produit.

C'est par le même procédé, en les décomposant en triangles, qu'on obtient la surface du pentagone, de l'hexagone et de tous les autres polygones.

Soit l'hexagone ABCDEF dont les côtés ne sont pas égaux (fig. 26).

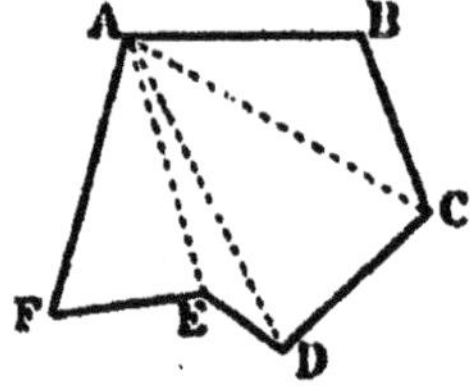

Figure 26.

De l'un quelconque des six angles de l'hexagone, soit l'angle A, tirez des diagonales sur tous ceux qu'elles peuvent atteindre, vous aurez quatre triangles dont vous chercherez la surface de la façon que vous savez, en abaissant une verticale du sommet sur la base, multipliant la base par la hauteur, et prenant la moitié du produit. La somme de leurs surfaces vous donnera celle de l'hexagone qui se trouve comprise tout entière dans ces quatre triangles.

Ici, la figure a six côtés, et l'on a quatre triangles, c'est-à-dire deux de moins. Il en serait de même avec les autres polygones à côtés inégaux. Un pentagone se trouverait partagé en trois triangles, un heptagone en cinq, un octogone en six, toujours deux de moins. Les deux angles voisins de celui d'où partent les diagonales ne pouvant être atteints par elles deviennent toujours les sommets de triangles dont chacun prend pour son compte deux des côtés de la figure, quel que soit le nombre de ses côtés.

Avec des polygones réguliers, c'est-à-dire ayant tous leurs sommets égaux, l'opération devient plus simple, et le calcul est considérablement abrégé.

Soit l'octogone ABCDEFGH (fig. 27) que vous connaissez déjà.

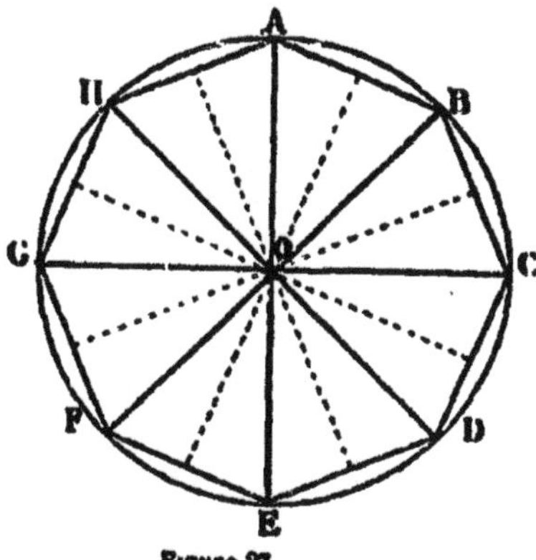

Figure 27.

Du point O, centre de la figure, tirez des lignes allant rejoindre tous les angles, vous aurez huit triangles, juste autant que de côtés, ayant chacun pour base un des côtés, et comprenant toute la surface de l'octogone.

Ces huit triangles auront tous la même base, puisque tous les côtés sont égaux, et pour hauteur commune la verticale abaissée du centre de la figure sur le milieu de chaque côté.

Il sera donc inutile de les mesurer un à un, puisqu'ils ont tous la même valeur. Il suffira donc de multiplier par 8 un des côtés, de multiplier le produit par la hauteur commune des huit triangles et de prendre la moitié du nouveau produit pour obtenir exactement la surface de l'octogone.

Il est bien clair que les choses se passeraient de la même façon si le polygone avait 12 côtés, 20, 100, 1.000, ou tel nombre qu'il vous plaira. Supposez que le nombre de ses côtés soit infini, les conditions du calcul ne changeraient pas. Ce sera toujours la somme des bases de tous ces triangles qu'il faudra multiplier par leur distance commune du centre de la figure, pour prendre ensuite la moitié du produit. Seulement vous comprendrez facilement qu'il sera bien difficile de prendre la mesure de bases rendues, comme on dit, incommensurables par leur petitesse poussée à l'infini.

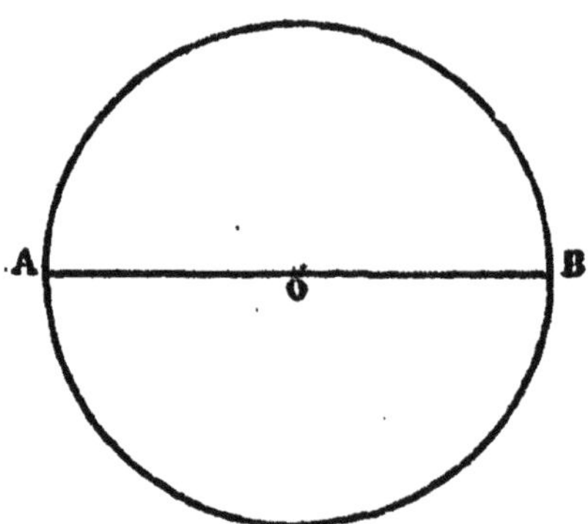

Figure 28.

C'est le cas du *cercle* (fig. 28), que l'on peut considérer comme un polygone à nombre infini de côtés, et dont la surface s'obtient en multipliant sa *circonférence*, c'est-à-dire la somme de tous ses côtés par leur distance au centre de la figure, et prenant la moitié du produit.

J'étais obligé de commencer par là avec le cercle arrivant à lui par la mesure des surfaces. Il faut maintenant que je vous apprenne comment s'établit le rapport entre la hauteur de ces triangles sans fin, c'est-à-dire la distance de leurs bases au centre de la figure, et la somme de ces bases incommensurables.

On peut définir la circonférence du cercle une ligne continue cheminant autour d'un point appelé centre du cercle, à égale distance duquel elle demeure dans tout son parcours.

La distance du point central du cercle à tous les points de sa circonférence s'appelle son *rayon*.

La ligne droite formée de deux rayons mis bout à bout, AO, OB, allant par conséquent d'un point à un autre de la circonférence en passant par le centre du cercle, s'appelle son *diamètre*, AB (fig. 28).

Le rapport du diamètre ou du double rayon à la circonférence du cercle nous a été enseigné par les Grecs. Ils lui ont donné le nom de leur lettre *p* qui se prononce *pi*, et s'écrit encore aujourd'hui en grec π dans tous nos livres de mathématiques.

Énoncé en fraction ordinaire, d'après le très ancien calcul d'Archimède, le fameux géomètre grec, il est de $\frac{22}{7}$ ou $3\frac{1}{7}$, ce qui veut dire que le diamètre étant 1, la circonférence sera $3\frac{1}{7}$.

Ce n'est là nécessairement qu'un rapport approximatif, puisqu'il n'est pas possible d'obtenir la mesure exacte d'une somme de quantités incommensurables; mais il est, tel quel, d'un usage acceptable dans la pratique courante.

L'énonciation de π en fraction décimale, d'origine moderne, est plus exacte (1). C'est 3,1415926... L'on pourrait pousser plus loin s'il y avait lieu (2). On se contente d'habitude de prendre 3,1416 en forçant d'un peu moins d'un dix-millième.

Donc, pour obtenir la circonférence d'un cercle dont on connait le diamètre, il faut multiplier le chiffre de son diamètre par π, c'est-à-dire par $\frac{22}{7}$, ou, si l'on veut plus d'exactitude, par 3,1416.

La longueur de la circonférence ainsi trouvée, on aura la surface du cercle en multipliant cette longueur par le rayon, c'est-à-dire par la moitié du diamètre, et prenant la moitié du produit.

Soit un cercle dont le rayon serait de 4 mètres, voici la série des opérations à faire pour avoir sa circonférence d'abord, sa surface ensuite :

$4 \times 2 = 8$ (diamètre).
$8 \times 3,1416 = 25,1328$ (circonférence).

$25,1328 \times 4 = 100,5312$
$100,5312 : 2 = 50,2656$ (surface).

---

(1) De patients calculateurs ont poussé l'évaluation de π au delà de la centième décimale, sans arriver à l'exactitude absolue, bien entendu; mais c'est là un travail de haut luxe. Arago démontre au commencement de son *Astronomie populaire* que l'erreur de calcul résultant d'une unité de plus ou de moins dans l'évaluation de π amenée à la dix-huitième décimale, ne serait pas de l'épaisseur d'un cheveu sur la circonférence d'un cercle ayant pour rayon la distance de la terre au soleil.

(2) Convertissez $\frac{1}{7}$ en fraction décimale, vous aurez 0,142857... et c'est à recommencer. L'on tombe dans une fraction périodique.

La circonférence du cercle est de 25 mètres, 132 millimètres et 8 dixièmes de millimètre.

Sa surface a 50 mètres carrés et 2.656 centimètres carrés (1).

On aurait pu abréger le calcul en faisant le raisonnement suivant :

1° Pour avoir le diamètre, on a doublé le rayon;

2° Après avoir multiplié la circonférence par le rayon, on a pris la moitié du produit. C'est comme si l'on avait multiplié par la moitié du rayon.

Un double rayon d'une part, un demi-rayon de l'autre, cela donne pour la série des opérations que nous avons faites :

$$r \times 2 \times \pi \times r : 2.$$

Supprimons à la fois la multiplication par 2 et la division par 2, ce qui ne peut rien changer au résultat, il restera :

$$r \times \pi \times r \text{ ou mieux } r^2 \times \pi.$$

Et en effet :

$$4 \times 4 = 16 \text{ carré du rayon.}$$
$$16 \times 3,1416 = 50,2656$$

On obtient donc la surface d'un cercle en multipliant le carré de son rayon par 3,1416.

---

(1) Le mètre carré contient 10.000 centimètres carrés.

III

MESURE DES SOLIDES

Vous vous rappelez ce que je vous disais en commençant cette étude des mesures géométriques :

« La surface, en se haussant, engendre le solide qui a les trois dimensions. »

Voici le moment venu d'en faire l'application :

A

Le solide, engendré par un polygone quelconque qui se hausse, prend le nom général de *prisme*.

Le polygone générateur du prisme est sa base.

Le prisme est dit régulier quand le polygone qui l'a engendré a tous ses côtés égaux.

Un prisme est triangulaire, quadrangulaire, pentagonal, hexagonal, etc., selon qu'il a pour base un triangle, un quadrilatère, un pentagone, un hexagone, etc. (fig. 29).

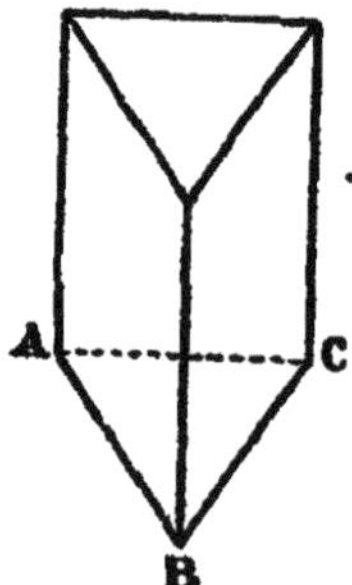

Figure 29.

Les côtés du polygone, c'est-à-dire les lignes qui le fermaient, deviennent, dans leur ascension, des surfaces qui sont, comme vous le voyez, des parallélogrammes, et qui prennent le nom de *pans* du prisme.

Ses points angulaires — A, B, C pour le triangle — deviennent des lignes qui sont ses *arêtes*.

La longueur commune du pan et de l'arête est sa hauteur.

Il y a deux choses à mesurer dans un prisme : sa surface et son volume.

La première mesure est bien facile.

Puisque la surface du pan est produite par le haussement du côté, il n'y a qu'à mesurer tous les côtés, c'est-à-dire le contour du polygone, et le multiplier par la hauteur du prisme.

Soit un prisme quadrangulaire régulier ayant $1^m,20$ de contour et $3^m,25$ de hauteur (fig. 30).

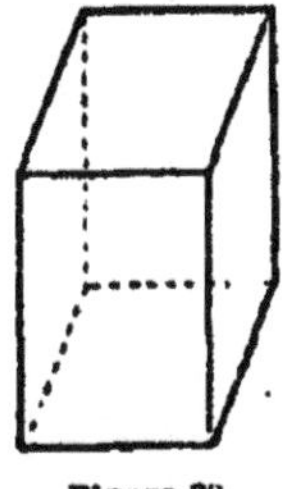

Figure 30.

$$1^m,20 \times 3^m,25 = 3^m,90$$, surface latérale du prisme.

La surface latérale du prisme, c'est-à-dire la somme des surfaces de ses 4 pans sera de 3 mètres carrés, 90 décimètres carrés — le mètre carré contenant 100 décimètres carrés.

Pour avoir la surface totale, il faut prendre 2 fois celle de sa base, puisqu'elle se trouve reproduite exactement dans le haut du prisme.

Son contour étant de 1m,20, la valeur du côté sera, tous étant égaux :

$1^{m},20 : 4 = 0^{m},30$
$0^{m},30 \times 0^{m},30 = 0^{m},90$
$0^{m},90 \times 2 = 1^{m},80$, surface des deux bases.

Additionnant les deux espèces de surface :

$3^{m},90$
et $1^{m},80$

On aura : $5^{m},70$, surface totale du prisme.

La mesure du volume de ce prisme est encore plus facile que celle de sa surface.

Puisqu'il est produit par le haussement du polygone qui lui sert de base, il suffit, pour l'obtenir, de multiplier la surface de sa base par sa hauteur.

$$0,90 \times 3,25 = 2,925$$

Le volume du prisme sera de 2 mètres cubes 925 décimètres cubes. — Je vous ai dit dans l'exposé du système métrique que le volume s'évaluait en cubes et qu'un mètre cube contient 1.000 décimètres cubes.

A côté du prisme vient se placer la *pyramide*, qui est aussi le produit du haussement d'un polygone, mais dans d'autres conditions.

Soit le quadrilatère A B C D, base du prisme de tout à l'heure (fig. 31).

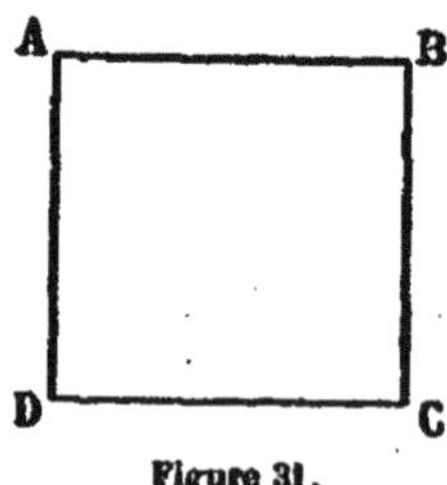

Figure 31.

Supposez qu'au lieu de monter droit, les 4 points angulaires A, B, C et D, partent dans une direction telle qu'ils viennent tous aboutir à un point O (fig. 31), sommet de 4 triangles formés par le rapprochement successif des arêtes, et le rétrécissement successif également des côtés, vous aurez la pyramide, un nom qui appartient aussi bien à l'histoire qu'à la géométrie. La figure que voici est précisément celle des fameuses pyramides d'Égypte.

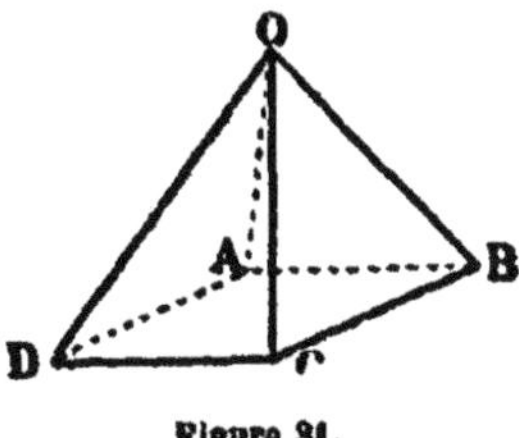

Figure 31.

La surface de la pyramide est juste la moitié de celle d'un prisme de même base et de même hauteur.

Donnons à celle-ci les $3^{m},23$ de hauteur du prisme de même base que nous venons de mesurer. La hauteur d'une pyramide se détermine, comme celle de toutes les autres figures, par la verticale abaissée sur sa base du sommet commun de ses 4 triangles.

Les 4 pans du prisme étaient des parallélogrammes. Les 4 pans de la pyramide sont des triangles de même base, puisque la pyramide procède du même quadrilatère et de même hauteur, c'est convenu.

La surface de chacun d'eux est donc exactement la moitié de chaque surface latérale de notre prisme.

D'autre part, il n'y a plus ici qu'une base, au lieu de deux, le sommet étant un point qui n'a ni longueur ni largeur.

Je n'ai donc besoin d'aucun calcul pour vous donner la

surface totale de cette pyramide. Elle est toute trouvée : la voici :

$$5^{m},70 : 2 = 2^{m},85$$

Elle est de 2 mètres carrés, 85 décimètres carrés.

Quant au volume, il serait un peu long de vous donner ici le raisonnement complet du pourquoi. Je ne peux pourtant pas vous faire ainsi, de but en blanc, toutes les démonstrations géométriques.

Il vous suffira de savoir qu'un prisme triangulaire peut se décomposer en trois pyramides de même hauteur que lui, dont l'une a juste sa base, et les deux autres ont exactement la même valeur que la première (fig. 32).

Les trois pyramides représentent donc chacune en volume le tiers du prisme, et comme toute pyramide peut se décomposer aussi en pyramides triangulaires se trouvant dans les mêmes conditions, il en résulte que le volume d'une pyramide est juste le tiers de celui d'un prisme de même base et de même hauteur qu'elle.

On l'obtient par conséquent en multipliant sa base par sa hauteur, et prenant le tiers du produit.

Figure 32.

B

Le solide engendré par le haussement d'un cercle prend le nom de cylindre (fig. 33).

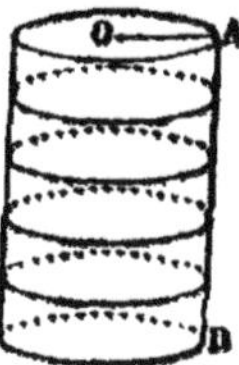

Figure 33.

Le cercle étant considéré comme un polygone d'un nombre infini de côtés, le cylindre doit être considéré à son tour comme un prisme d'un nombre infini de pans. Le calcul de sa surface et de son volume se fait donc exactement comme pour le prisme.

On obtient la première en multipliant le contour du cercle, c'est-à-dire sa circonférence, par sa hauteur, et ajoutant deux fois la surface du cercle.

On obtient le second en multipliant la surface du cercle par cette même hauteur.

De même que le prisme a son *diminutif*, la pyramide, de même le cylindre a aussi le sien, le cône.

Le raisonnement et le calcul sont exactement les mêmes pour les deux diminutifs.

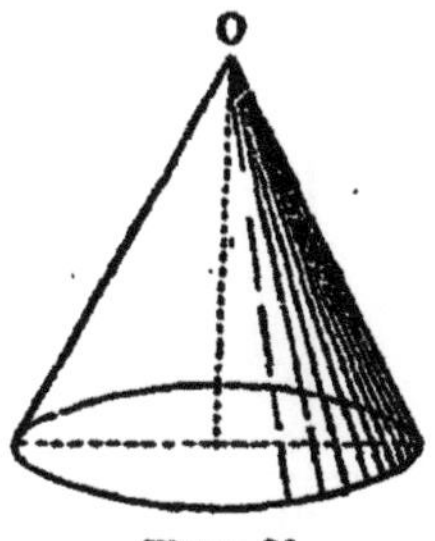

Figure 34.

Avec celui-ci ce sont tous les points de la circonférence qui montent à la fois, en serrant toujours leurs rangs, dans la direction du point O, sommet commun des innombrables petits triangles qui viennent y aboutir.

La surface du cône est la moitié du produit du contour de sa base par sa hauteur.

Son volume est le tiers du prisme cylindrique dont il a la base et la hauteur, et qui le contient trois fois, comme tout prisme contient trois pyramides dans les mêmes conditions, quel que soit le nombre de leurs côtés.

Nous arrivons à la *sphère*, la plus parfaite des figures géométriques, la forme qui s'impose invariablement, en vertu d'une loi que l'on vous expliquera plus tard, aussi bien à la goutte de rosée en formation sur une feuille de chou qu'à l'astre en formation dans le ciel. Nous ne pouvions pas mieux finir.

La sphère géométrique est engendrée, comme tous les solides que nous venons de voir, par le déplacement d'une surface. C'est le produit d'un demi-tour du cercle sur lui-même (fig. 35).

Soit le cercle A B C D, traversé par le diamètre A B.

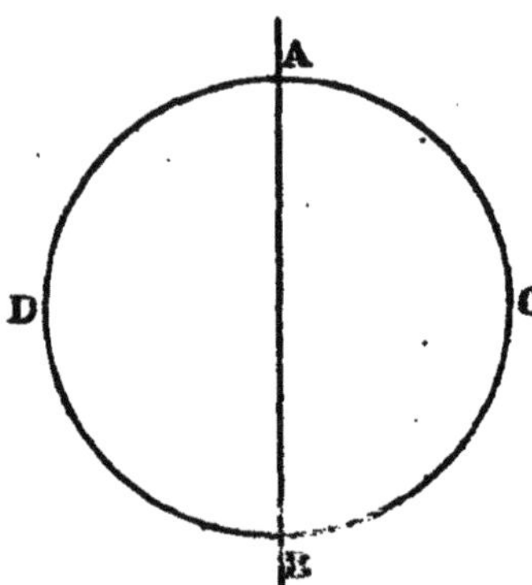

Figure 35.

Faites pivoter ce cercle sur son diamètre, de façon que le point C vienne occuper la place du point D, entraînant tout le cercle avec lui, ce qui amènera le point D à la place qu'occupait le point C. Chacun des côtés du cercle, en balayant l'espace, aura engendré un solide qui s'appliquera exactement sur l'autre, et les deux solides formeront ensemble ce que vous voyez là (fig. 36),

Figure 6.

une sphère, fille du cercle, ayant le même diamètre, le même rayon par conséquent, et entourée, d'une extrémité du diamètre à l'autre, par les deux moitiés de sa circonférence, d'où cette conséquence forcée que tous les points de sa surface seront à égale distance de son point central, l'ancien centre du cercle qui l'a engendré.

Dans cet élargissement de la circonférence du cercle devenue surface d'une sphère, tous les petits triangles du cercle, dont elle était la base commune, sont devenus autant de petites pyramides dont la surface est à son tour la base commune, et cela va nous permettre d'obtenir sans nouvelle démonstration le volume de la sphère.

Toutes les petites pyramides dont elle se compose ont une hauteur commune, son rayon; une base commune, sa surface.

Vous savez maintenant comment s'obtient le volume d'une pyramide : nous allons multiplier la surface de la sphère par son rayon, et nous prendrons le tiers du produit.

Reste à déterminer la valeur de cette surface.

Les géomètres vous le diront : elle contient juste 4 fois la surface du cercle générateur de la sphère.

Pourquoi? C'est leur secret.

Ils vous le démontreront plus tard, quand vous le voudrez, à ne pas vous laisser l'ombre d'un doute. En attendant, vous ferez comme moi : nous les en croirons sur parole.

Comme vous le voyez, tout s'enchaîne dans ces mesures du cercle et de la sphère, et le grand rôle y appartient au rayon.

Le diamètre du cercle est le double du rayon :

$$r \times 2 = d.$$

Sa circonférence est le produit du diamètre multiplié par π :

$$r \times 2 \times \pi = c.$$

Sa surface est la moitié du produit de la circonférence multipliée par le rayon :

$$r \times 2 \times \pi \times r : 2 = s.$$

ou, comme nous l'avons vu :

$$r^2 \times \pi = s.$$

La surface de la sphère est le produit de la surface du cercle multipliée par 4 :

$$r^2 \times \pi \times 4 = s.$$

Le volume de la sphère est le tiers du produit de sa surface multipliée par son rayon :

$$r^2 \times \pi \times 4 \times r : 3 = v.$$

Et, pour simplifier cet énoncé, nous dirons :

Rayon × 2 = diamètre.
Diamètre × π = circonférence.
Circonférence × r = surface du cercle.
Surface du cercle × 4 = surface de la sphère.
Surface de la sphère × r : 2 = volume.

D'où il résulte qu'en descendant ou remontant la série de ces cinq termes, on arrive à volonté de chacun d'eux aux quatre autres.

Il suffit donc d'avoir le rayon du cercle pour obtenir le volume de la sphère qu'il a engendrée, et d'avoir le volume de la sphère pour obtenir le rayon du cercle générateur, en obtenant sur la route les termes intermédiaires.

Un mot encore, pour en finir avec la mesure du volume des solides.

Archimède, l'inventeur du premier $\pi \frac{22}{7}$, a découvert également que tout corps plongé dans l'eau y perd juste le poids du volume d'eau qu'il déplace, c'est-à-dire le poids d'un volume d'eau égal au sien.

Vous avez vu, en apprenant le système métrique, que le gramme est le poids d'un centimètre cube d'eau.

En conséquence, un corps quelconque plongé dans l'eau a nécessairement autant de centimètres cubes qu'il perd de grammes de son poids.

Il suffit donc de le peser à l'air une première fois, et de le peser une seconde fois, plongé dans l'eau, après l'avoir attaché par un fil au plateau de la balance. Le chiffre de grammes que son poids perdra sera juste celui de ses centimètres cubes.

C'est bien plus tôt fait d'obtenir ainsi le volume exact d'une sphère que de passer par la filière des surfaces et du rayon. Au surplus, on ne peut guère l'obtenir autrement avec les corps dont la forme n'est pas géométrique, et qui ne donnent pas prise au calcul.

Ramassez la première pierre venue, et sans vous amuser à la mesurer pour avoir son volume exact, auquel vous n'arriveriez jamais, soumettez-la à ces deux pesées successives. Si vous trouvez qu'elle pèse 560 grammes à l'air et 340 plongée dans l'eau, vous pouvez dire hardiment qu'elle a juste 220 centimètres cubes : il n'y a pas d'erreur possible (1).

Seulement, je vous en avertis, ce procédé-là ne peut servir qu'avec des corps plus lourds que l'eau. Si vous vouliez en essayer avec un morceau de bois, il ne pèserait plus rien la seconde fois, puisqu'il surnagerait, et adieu la comparaison entre les deux pesées !

(1) Il ne faut pas oublier que l'eau, dont un centimètre cube pèse un gramme, est de l'eau distillée, à 4 degrés au-dessus de 0. L'eau que l'on a sous la main n'est à peu près jamais dans ces conditions-là, mais la différence de poids qui en résulte est si petite qu'on peut la négliger.

IV

MESURE DES ANGLES ET DES DISTANCES

Nous pouvons maintenant procéder à l'étude d'une nouvelle mesure dont vous comprendrez tout à l'heure l'importance, la mesure des *angles* et des *distances*.

La circonférence de tout cercle, petit ou grand, se divise en 360 parties qu'on appelle *degrés*.

Chaque degré se divise à son tour en 60 minutes, et chaque minute en 60 secondes (1), absolument comme pour l'heure. Aussi bien cette division du cercle nous vient-elle des premiers astronomes qui avaient partagé l'année en 360 jours (2), correspondant chacun à un degré du cercle immense que la terre décrit dans sa course annuelle autour du soleil.

Une portion quelconque de la circonférence prend le nom d'*arc*, de sa ressemblance avec un arc; et la ligne

---

(1) Voici le nombre des minutes de la circonférence entière

$$360 \times 60 = 21.600$$

et celui des secondes :

$$21.600 \times 60 = 1.296.000$$

(2) Ils auront pu s'apercevoir bientôt que la course annuelle de la terre autour du soleil s'accomplit en 365 jours ; mais le chiffre de 360 étant plus commode pour le calcul, ils l'avaient conservé, en ajoutant 5 jours complémentaires à la fin de l'année. Encore aujourd'hui on se tient dans le commerce, comme nous l'avons vu, à l'année de 360 jours pour le calcul des intérêts.

droite qui détermine l'arc, en allant de l'une de ses extrémités à l'autre, prend celui de *corde*, pour rester dans la comparaison.

Figure 37.

L'arc s'évalue d'après la quantité de degrés que contient la portion de circonférence circonscrite par sa corde. On dit un arc de 10 degrés, 20 degrés, 45 degrés, selon son étendue.

La figure ci-dessous vous mettra cela sous les yeux.

Soit le cercle ABCD (fig. 38) divisé en quatre parties égales par deux diamètres qui se coupent à angle droit.

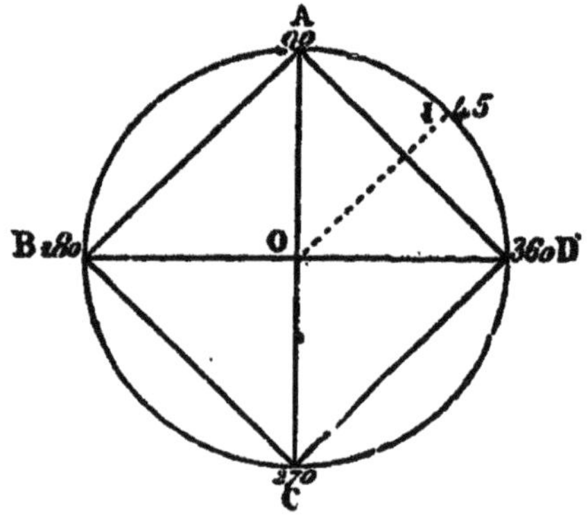

Figure 38.

En unissant par des lignes droites les quatre points de rencontre des deux diamètres avec la circonférence, on trace un rectangle qui est dit *inscrit* dans le cercle, et dont les quatres côtés sont les cordes d'arcs de 90 degrés chacun. Ces arcs servent de mesure aux quatre angles droits qui sont dits des angles de 90 degrés.

La ligne pointée OI qui vient aboutir au quarante-cinquième degré de la circonférence, juste à égale distance des deux extrémités de l'arc AD, part juste du milieu de l'angle droit AOD, et la valeur de l'angle qu'elle forme avec la ligne OD est juste aussi la moitié de celle de cet angle droit, puisqu'il fait face à un arc de 45 degrés, moitié de 90.

Ceci compris, nous pouvons aborder la mesure des distances. Elle se fait en vertu d'une propriété du triangle qui justifie bien ce que je vous en ai dit tout d'abord, que c'est la plus importante des figures géométriques.

Cette propriété, c'est que les trois angles d'un triangle quelconque ont à eux trois une valeur constante de 180 degrés, en d'autres termes sont égaux à deux angles droits.

Cela n'a l'air de rien. Vous allez voir tout à l'heure.

Prouvons-le d'abord.

Nous avons déjà vu que la surface d'un triangle est la moitié de celle d'un rectangle de même base et de même hauteur. Il a également la moitié de sa valeur angulaire sans distinction, cette fois, de base ni de hauteur.

La chose saute aux yeux avec le rectangle, et c'est à cause de cela que je l'ai choisi pour ma démonstration. Mais tous les autres parallélogrammes sont logés à la même enseigne que lui. Leur valeur angulaire est toujours de 360 degrés, ce que deux de leurs angles ont de plus que 90 se trouvant nécessairement compensé par ce que les autres ont de moins.

Vous allez en avoir la preuve sous les yeux.

La ligne AB qui traverse le cercle, en coupant son diamètre à angle droit fait bien avec lui, n'est-ce pas? 4 angles droits, 2 au-dessus du point de rencontre des deux lignes et 2 au-dessous. A eux quatre, ils ont la valeur totale des 360 degrés de la circonférence. Il suffit d'un coup d'œil pour s'en convaincre.

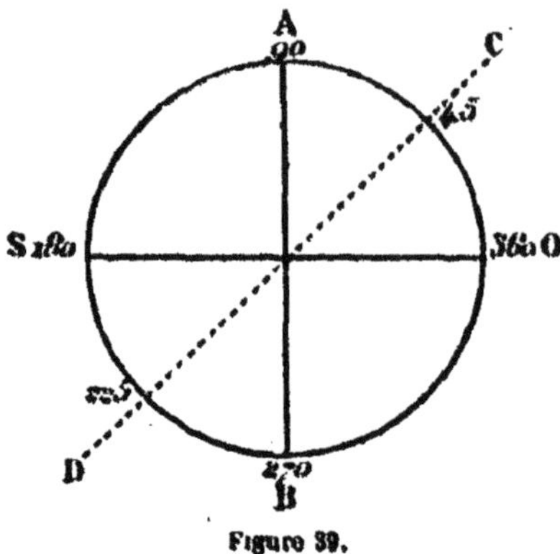

Figure 39.

Mais les 4 angles faits par la ligne ponctuée CD à son point de rencontre avec le diamètre ont aussi, à eux quatre, la même valeur. Comptez bien ;

Au-dessus du diamètre :

de O à C	45	180
de C à S	135	

Au-dessous du diamètre :

de S à D	45	180
de D à O	135	
TOTAL. . .		360

Penchez ou relevez la ligne CD dans telle direction que vous voudrez, le résultat sera toujours le même. Plus les angles se rapetisseront ou grandiront d'un côté, plus ils grandiront ou se rapetisseront de l'autre. Le total des degrés sera toujours 180 d'une part, 180 de l'autre. Total : 360.

C'est ce qui arrive infailliblement toutes les fois qu'une ligne droite en coupe une autre, et il n'est pas nécessaire que la ligne coupée soit le diamètre d'un cercle.

Soit le parallélogramme ABCD formé par 2 couples de lignes parallèles qui se coupent obliquement (fig. 40).

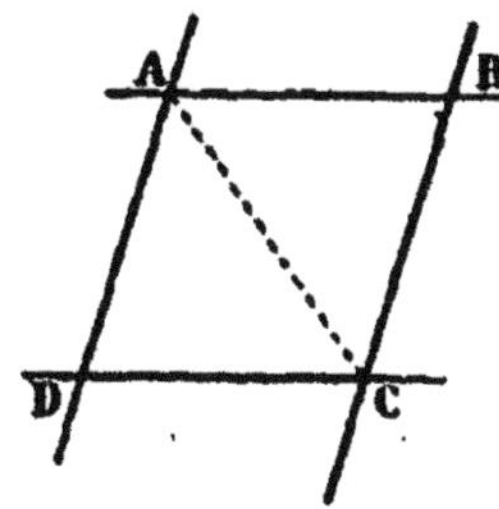

Figure 40.

Il a 4 angles, 2 grands et 2 petits, qui valent ensemble 360 degrés, c'est entendu, et 180 deux à deux, un grand et un petit.

Les deux triangles dans le parallélogramme sont égaux et leur valeur angulaire est évidemment égale à la moitié de la valeur angulaire du parallélogramme.

Cette valeur angulaire est donc de 180 degrés ; et tous les triangles possibles en sont là, car tous, vous le savez, sont la moitié, et comme surface et comme valeur angulaire, d'un parallélogramme de même base et de même hauteur.

Nous y avons mis le temps ; mais la chose en valait la peine, car cette valeur invariable des 3 angles d'un triangle a permis à l'homme de faire des choses qui doivent paraître impossibles à l'ignorant, et je tenais à vous la faire bien entrer dans la tête.

MESURE DU MERIDIEN.

Puisque les 3 angles d'un triangle valent invariablement 180 degrés, vous comprendrez sans peine qu'il suffit d'en mesurer deux pour avoir le troisième, sans qu'il soit besoin d'aller le mesurer. Je dis : d'aller, car la taille possible d'un triangle n'a pas de limites, et les géographes en font, par exemple, qui vont à 7 ou 8 lieues de distance chercher leur sommet sur la cime d'une montagne parfois inaccessible.

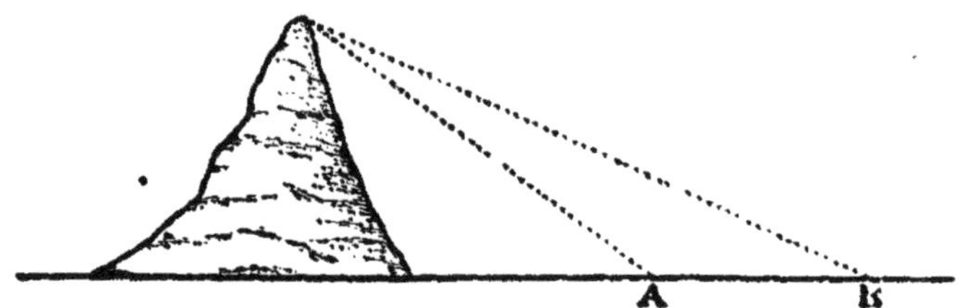

Figure 41.

Comme vous le voyez dans la figure 41, des deux lunettes braquées du point A et du point B, sur la cime de la montagne, partent, en prolongeant leur direction, deux lignes d'un véritable triangle dont la base est la ligne qui va du point A au point B, et dont le sommet se trouve sur le haut de la montagne. Ces deux lignes, c'est ce que l'on appelle le *rayon visuel* des observateurs dont la vue va droit des points où ils sont à celui qu'ils visent, et l'angle qu'elles font peut parfaitement se mesurer de la façon que je vous expliquerai tout à l'heure.

Il suffit évidemment de mesurer les deux angles au point de départ, car, une fois parti, le rayon visuel ne peut plus s'écarter de sa route.

Ce triangle dont vous avez là le commencement, vous pouvez le considérer comme tout fait maintenant. L'angle A est de 135 degrés ; l'angle B de 40 ; total 175. Inutile d'aller voir au sommet. L'angle qu'y font les deux lignes en se rencontrant est de 5 degrés : c'est forcé.

Or, quand il a les 3 angles d'un triangle et la mesure d'un seul de ses côtés, un homme du métier n'a plus que des calculs à faire, qui ne peuvent pas l'embarrasser, pour avoir de ce triangle tout ce qu'il veut, sa surface, la longueur de ses autres côtés, sa hauteur enfin, ou la verticale abaissée du sommet sur la base, c'est-à-dire la distance qui les sépare.

Vous me permettrez bien de ne pas vous démontrer une à une toutes ces choses-là. Elles sont dans tous les livres de géométrie : vous irez les y chercher plus tard, si le cœur vous en dit.

Naturellement, avant de se lancer dans ces calculs, il est indispensable de mesurer la base du triangle, et bien exactement, car la moindre erreur dans cette mesure les fausserait tous ensuite. Aussi s'arrange-t-on en pareil cas pour établir cette base sur un emplacement bien uni, sur une route de préférence, comme celle dessinée sur la figure que vous avez vue.

Seulement, une fois la longueur des deux autres côtés déterminée par le calcul, ils peuvent devenir à leur tour, sans mesure aucune, la base connue d'un nouveau triangle, et toujours ainsi indéfiniment.

C'est de la sorte, pour vous le dire en passant, que l'on arrive à faire ces cartes qui vous donnent la forme exacte de tous les pays, et la distance précise d'un lieu à l'autre. C'est de la sorte également qu'on est parvenu à faire cette mesure qui a dû vous paraître incompréhensible, de la distance du pôle à l'Équateur, dont notre mètre est la dix-millionième partie.

Ce n'est pas tout. Il n'y a pas deux manières d'être inaccessible. La Lune ne l'est pas davantage qu'une montagne où l'on ne peut pas aller ; et si l'on parvient à mesurer la distance qui sépare la montagne d'un point donné, en y faisant arriver le sommet d'un triangle, pourquoi ne pas en faire autant avec la Lune? Le rayon visuel y arrive tout aussi bien.

C'est bien aussi ce que l'on a fait.

Il ne fallait pas penser, par exemple, à établir sur une route la base de ce triangle-là : elle aurait été bien trop petite.

Un observateur est allé viser la Lune à Berlin, l'autre au cap de Bonne-Espérance, deux points dont la distance a été très exactement déterminée par les géographes, et les calculs faits sur un triangle ayant cette base déjà respectable, ont donné pour la distance de la Terre à la Lune le chiffre que vous trouverez dans les plus petits manuels de cosmographie : 96.000 lieues, en moyenne.

Il a fallu dire : en moyenne, car la Lune est une capricieuse, qui tantôt s'écarte, et tantôt se rapproche de la Terre dans le tour qu'elle fait en 28 jours autour d'elle; mais l'infaillible triangle nous livre, d'un jour à l'autre, le secret de ses caprices qui ne le trouvent jamais en défaut. Il en fait au surplus bien d'autres entre les mains des astronomes. Il leur a donné aussi la distance de beaucoup d'astres bien plus difficiles à rejoindre, et la mesure de celle de la Lune n'est qu'un jeu pour eux.

Il est temps maintenant de vous apprendre comment se fait la mesure des angles. Vous avez de quoi en apprécier toute l'importance.

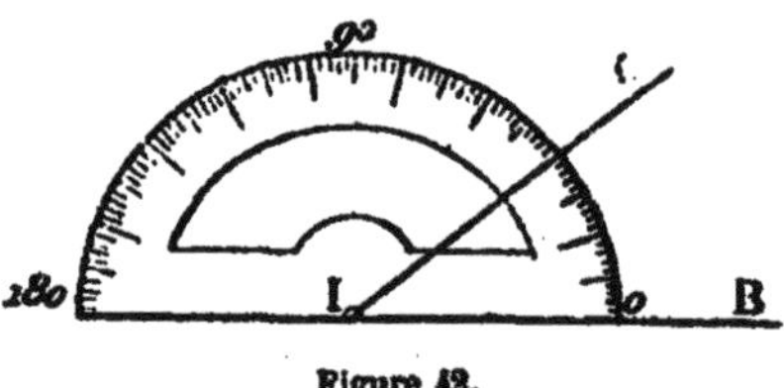

Figure 42.

Voici (fig. 42) le petit objet dont on se sert pour mesurer un angle sur le papier. Il s'appelle le *rapporteur*.

C'est la demi-circonférence d'un cercle, fermée par son diamètre, avec une suite de traits marquant sur le pourtour tous les degrés, de 0 à 180, la valeur totale des deux angles que forme une ligne droite en tombant sur une autre.

On place le sommet de l'angle à mesurer, soit BIC sur le point I, centre du cercle, et l'on amène son côté inférieur IB juste sur la ligne du diamètre.

Le trait que le côté supérieur IC ira rencontrer sur le pourtour donnera la mesure en degrés de l'arc qui fait face à l'ouverture de l'angle, c'est-à-dire sa valeur angulaire.

Si la ligne IC passe entre deux traits, on évaluera la quantité de minutes que peut représenter la portion de degré coupée par elle.

De secondes, il ne peut pas en être question sur un rapporteur de poche ; mais il faut bien les marquer sur les instruments dont se servent les astronomes et les géographes. Une seconde de plus ou de moins dans l'évaluation de leurs angles fausserait sérieusement leurs calculs.

Ils sont un peu compliqués, ces instruments ; vous me dispenserez de vous en faire la description. Leur principe est le même que celui du petit rapporteur : un côté de l'angle s'applique sur le diamètre de la demi-circonférence ; l'autre va couper son pourtour gradué. C'est la ligne de la direction donnée par l'observateur à sa lunette qui fait ce second côté.

Restons-en là. Je me suis laissé peut-être entraîner trop loin dans cette dernière partie de mes explications qu'on pourra traiter d'ambitieuses. L'occasion était trop belle de vous montrer ce qu'il peut se trouver de curieux à savoir au fond des choses qu'on apprend aux écoliers. Puissent celles-ci vous encourager à apprendre les autres !

PREUVE PAR LE POIDS

DU RAPPORT DE LA SURFACE D'UNE SPHÈRE AVEC CELLE D'UN CERCLE DE MÊME DIAMÈTRE

Nous avons vu que la surface d'une sphère est égale à quatre fois celle d'un cercle de même diamètre, et nous avons dû nous en rapporter là-dessus à la parole des géomètres, la démonstration qu'ils en donnent n'étant pas à notre portée.

Il y aurait pourtant un moyen d'en avoir la preuve, sans démonstration géométrique, une preuve moins rigoureuse, c'est vrai, mais palpable, qui pourrait suffire à vous mettre l'esprit en repos sur ce point-là.

Étant donné qu'une sphère est le produit géométrique, comme il a été dit plus haut, du demi-tour d'un cercle sur son diamètre, il en résulte que sa circonférence, qui est celle du cercle, se divise comme elle en 360 degrés.

Tracez sur la première boule venue, — bien ronde, c'est entendu, — deux lignes qui en fassent le tour, en se coupant à angles droits à leurs points de rencontre, elles la partageront en quatre bandes, en quatre fuseaux, comme on dit, qui se trouveront exactement de même grandeur.

Supposez une sphère terrestre, avec ses deux pôles et sa circonférence à l'équateur, divisée en 360 degrés. L'ouverture d'un angle droit étant de 90 degrés, nos lignes, en allant et venant d'un pôle à l'autre, couperont l'équateur de la sphère à quatre places distantes l'une de l'autre juste de 90 degrés, c'est-à-dire du quart de la circonférence, et partageront les deux hémisphères en quatre bandes évidemment égales.

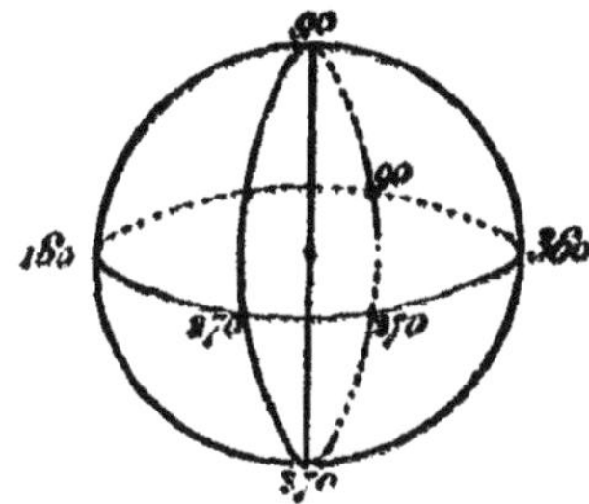

Il s'agit d'avoir la preuve qu'un seul des fuseaux de notre boule égale en surface un cercle ayant le même diamètre qu'elle.

Nous ne sommes plus ici dans la géométrie; nous travaillons avec ce que nous avons sous la main : il ne faut pas prétendre à la rigueur absolue dans l'exécution.

Ayons d'abord le diamètre de la boule.

On l'obtiendra facilement en serrant la boule entre deux planches tenues bien droites; et mesurant la distance d'une planche à l'autre (1).

Le diamètre obtenu, ouvrez un compas de juste sa moitié, c'est-à-dire du rayon, et décrivez un cercle avec ce compas sur le coin d'une feuille de carton mince, le plus uni qu'il sera possible de trouver. Le cercle ainsi décrit aura bien, n'est-ce pas? le diamètre de la boule.

Maintenant, avec deux fils appliqués sur la boule, mesurez bien exactement d'abord la largeur d'un des fuseaux à l'endroit qui serait l'équateur si l'on avait affaire à une sphère ter-

---

(1) On pourrait avoir aussi ce diamètre en mesurant la circonférence avec un fil, et divisant la longueur trouvée par π, c'est-à-dire par 3,1416. Les deux mesures peuvent au surplus se contrôler l'une par l'autre.

rostre, c'est-à-dire au milieu, ensuite sa longueur en allant d'un pôle à l'autre.

Les deux fils mis à plat donneront la mesure : le premier, d'un quart de la circonférence de la boule ; l'autre, d'une moitié, soit 90 degrés pour la largeur du fuseau, 180 pour sa longueur.

Reportez ces deux mesures sur la feuille de carton, en plaçant les deux lignes en croix, traversées chacune juste par son milieu, et rejoignez les quatre points qui les terminent par deux arcs de cercle. Vous aurez une figure équivalente évidemment en surface au fuseau de la boule, puisqu'elle aura la même longueur, la même largeur au milieu, et par suite la même courbure.

Reste à prouver que cette surface est égale en même temps à celle du cercle décrit auparavant sur la feuille de carton.

Rien de plus facile. Découpez soigneusement cercle et fuseau, et pesez-les un à un. Ils auront le même poids, preuve indubitable qu'ils couvraient tous les deux la même quantité de carton.

S'il est prouvé qu'un quart de la surface de la boule égale celle du cercle ayant son diamètre, est-il besoin d'ajouter que sa surface entière sera quatre fois celle du cercle ?

Il va sans dire qu'il n'est pas possible de garantir ici l'égalité de poids absolue, si uniforme qu'on puisse supposer la feuille de carton, si soigneux qu'on puisse être en mesurant et découpant. Mais vous pouvez mettre hardiment la différence, s'il s'en trouve une, sur le compte de l'opérateur ou du carton. Pour en avoir le cœur net, recommencez l'épreuve sur des surfaces dont l'égalité vous est démontrée géométriquement.

Tracez sur la feuille de carton un parallélogramme que vous découperez, en suivant sa diagonale, en deux triangles nécessairement égaux en surface — l'opération est bien simple cette fois. — Si vous ne trouvez pas quelques milligrammes de différence avec une balance de précision, félicitez-vous de la bonne fortune.

La mesure du volume par le poids est sujette aussi à des chances d'erreur, moindres qu'ici, j'en conviens. Elle n'en satisfait pas moins l'esprit. Puisse celle-ci avoir satisfait le vôtre !

TABLE DES MATIÈRES

HISTOIRE

DE DEUX PETITS MARCHANDS DE POMMES

NOTIONS COMPLÉMENTAIRES D'ARITHMÉTIQUE

MESURES GÉOMÉTRIQUES

Paris. — Imp. E. Capiomont et Cie, rue de Seine, 57.

www.ingramcontent.com/pod-product-compliance
Ingram Content Group UK Ltd.
Pitfield, Milton Keynes, MK11 3LW, UK
UKHW012013240726
13965UKWH00002B/342